HEYNE <

Funny van Dannen
Neues von Gott

Wilhelm Heyne Verlag
München

FSC
Mix
Produktgruppe aus vorbildlich bewirtschafteten Wäldern und anderen kontrollierten Herkünften
Zert.-Nr. SGS-COC-1940
www.fsc.org
© 1996 Forest Stewardship Council

Verlagsgruppe Random House
FSC-DEU-0100
Das FSC-zertifizierte Papier *München Super* für Taschenbücher aus dem Heyne Verlag liefert Mochenwangen Papier

Vollständige Taschenbucherstausgabe 04/2006

Printed in Germany 2006
Umschlaggestaltung: Nele Schütz Design, München, unter Verwendung eines Bildes von Funny van Dannen
Satz: KompetenzCenter, Mönchengladbach
Druck und Bindung: GGP Media GmbH, Pößneck
ISBN-10: 3-453-59009-0
ISBN-13: 978-3-453-59009-0

http://www.heyne.de

Inhalt

Neues von Gott

Gott hatte eine Familie gegründet, aber natürlich nicht so, wie normale Leute das tun.
Er hatte sich eine alleinerziehende Mutter mit ihrem einjährigen Kind und einen ihr völlig unbekannten Mann geschnappt und sie in einen Geräteschuppen gesperrt.
Was soll das werden?, fragte die junge Frau, sie hieß Conchita. Sie war eine echte Deutsche, deren Eltern sie in Mexiko gezeugt hatten.
Eine richtige Familie, sagte Gott. Dein Kind braucht einen Vater, da hast du einen!
Conchita sah den arbeitslosen Schaufenstergestalter Roland P. abschätzig an. Du hast sie wohl nicht alle, mir so einen alten Sack anzubieten.
Heh, heh!, rief Roland P. Mein Sack ist noch ganz schön knackig! Er wollte schon die Hose öffnen, da sagte Gott: Lass stecken, Roland. Wir glauben dir auch so!
Ich nicht!, rief Conchita, und Gott runzelte besorgt das ganze Gesicht. Mein Kind! Warum so misstrauisch? Hat die freie Marktwirtschaft deine Gefühle so verdorben, dass du einem ehrlichen Mann keinen Glauben schenkst?
Ich hab nichts zu verschenken, erwiderte Conchita. Lass uns sofort hier raus!
Nein, sagte Gott. Hör mir doch erst mal zu.

Ich habe mit deinem Kind große Dinge vor. Es soll einmal die Welt verändern. Es soll die ganze Scheiße tüchtig aufmischen und den alten Werten wieder zu ihrem Recht verhelfen.
Alte Werte?, fragte Roland. Was meinst du denn damit?
Hauptsächlich Nettigkeit, sprach Gott. Freundlichkeit und Höflichkeit und Ehrlichkeit, Verlässlichkeit und Treue – die ganzen alten Werte halt!
Auch Fleiß und Zucht und Ordnung?, fragte Roland.
Warum fragst du?, wollte Gott wissen.
Ich war immer fleißig, sagte Roland. Ich war auch immer ordentlich. Ich war auch für die Todesstrafe. Aber jetzt bin ich mit 45 arbeitslos. Ist das gerecht?
Gott schüttelte den Kopf. Du darfst Äpfel nicht mit Birnen vergleichen!
Komm mir jetzt nicht mit Obst!, rief Roland. Sag klipp und klar, worum es geht, sonst schlag ich alles kurz und klein!
Gott runzelte den ganzen Kopf. Warum so aggressiv? Hat dich die soziale Marktwirtschaft so gewaltbereit gemacht, dass du es wagst, deinem eigenen Gott Forderungen zu stellen? Du bist doch CDU, oder?
Roland nickte vehement. Vergib mir, Herr! Diese ganzen ABM-Programme haben mich mürbe gemacht, ich kann nicht mehr.
Sag ich doch!, rief die genervte Conchita. Er ist ein alter, deprimierter Sack! Lass uns sofort hier raus! Was soll das überhaupt in diesem Stall? Hast du kein Hotelzimmer gekriegt?
Gott lachte. Ach was, Hotel! Ihr sollt ganz klein anfangen! Alles Gute kommt von unten! Auch die letzten Habenichtse sollen sich einmal mit deinem Kind identifizieren können.

Geschichte wiederholt sich nicht!, warf Roland ein. Der Erfolg mit Jesus lässt sich nicht so einfach wiederholen. Wir leben in anderen Zeiten!
Erfolg?, fragte Gott. Was meinst du mit Erfolg? Diese alten Homos, die gegen Verhütung sind? Diese Märchen von Himmel und Hölle? Hör mir auf mit Jesus! Lässt sich ans Kreuz nageln und macht einen auf Popstar, das war nicht abgemacht! Er sollte was Vernünftiges lernen und die Wahrheit sagen, bis ins hohe Alter. Stattdessen zieht er rum wie David Copperfield und lässt sich von Huren aushalten. Der ist für mich gestorben!
Für uns alle, sagte Roland.
Von mir aus, sagte Gott. Das ist schon lange her.
Conchita versuchte die Tür zu öffnen.
Vergiss es, brummte Gott. Die Tür bleibt zu! Und draußen hab ich zusätzlich zwei libanesische Türsteher postiert, so Fetzen! Er breitete die Arme aus.
Früher hattest du noch Engel, stänkerte Conchita.
Ach, nenn sie wie du willst!, rief Gott. Also, was ist?
Conchita schüttelte den Kopf. Es ist ein Mädchen, Alter! Mein Baby ist ein Mädchen!
Weiß ich, sagte Gott. Wer hat was gegen Mädchen?
Conchita überlegte. Nicht diesen Stall! Nicht diesen Kerl! Ich will Nico Schwanz aus Apolda und eine Villa am Kleinen Wannsee! Armut vertrag ich nicht.
Ich überleg's mir, sagte Gott. Er öffnete die Tür.
Die Libanesen waren weg. Er rief ein Taxi für Conchita und ihr Kind und lud Roland noch auf einen Drink ein. Sie fuhren in die JUNGE LIEBE und tranken bis zum nächsten Morgen.
Wie bist du eigentlich auf mich gekommen?, fragte Roland.

Genanalyse, sagte Gott. Ihr zwei seid das perfekte Paar.
Sie waren die letzten Gäste.
Als Roland nach Hause kam, saß seine Frau in der Küche.
Was hast du so lange gemacht?
Roland sagte: Mit Gott gesoffen.
Die ganze Nacht?
Die ganze Nacht!
Und, wie war's?
Er hat alles bezahlt.

Was so passiert

Gestern ruft der Bundeskanzler an. Er will bei uns im Garten zelten.
Kommt Doris auch mit?, frage ich.
Er sagt: Ja, das ist ja das Problem. Ich hab aus meiner Jusozeit noch das Einmann-Zelt, das ist für zwei zu klein.
Aber Doris, sage ich, die ist doch superzierlich.
Trotzdem, sagt der Bundeskanzler. Wenn ich schon mal Urlaub mache, dann will ich's auch bequem haben.
Ich sage: Ja, versteh ich. Wir haben im Keller noch unser altes Familienzelt, Modell Chiemsee, das könnt ihr haben, wenn's nicht schimmlig ist. Ich meine, wenn's schimmlig ist, könnt ihr's natürlich auch haben, aber dann müsst ihr einen Tag mehr einplanen, zum Abwaschen und Trocknen. Es ist an sich ein prima Zelt, geräumig und grau-türkis. Wir hatten es mal im Osten an der Ostsee mit. Die Einheimischen waren total neidisch und guckten so, als wären wir Ausländer. Zum Glück waren sie damals durch die vielen Jahre Christentum und Sozialismus noch eingeschüchtert und unsicher, aber – was ich sagen wollte: Das Zelt ist wirklich gut!
Unser Garten ist auch gut, aber klein! Wir könnten natürlich die türkischen Nachbarn fragen. Deren Garten ist viel größer, und wenn ich sage, dass der Bundeskanzler kommt,

machen sie vielleicht mal selbst sauber. Aber gefährlich sind die Glasscherben!
Glasscherben?, fragte der Bundeskanzler.
Ich sagte: Ja. Die türkischen Eltern sagen zu den Kindern: Geht in den Garten und schmeißt die Flaschen kaputt! Das müssen die Deutschen dann aufräumen, und wir können in aller Ruhe unsere Drogengeschäfte abwickeln.
Oh!, rief der Bundeskanzler. Das wusste ich ja gar nicht!
Muss man in Ihrer Position auch gar nicht wissen, sagte ich. Aber wenn Sie bei uns im Garten campen wollen, muss ich Sie über das soziale Umfeld informieren. Sonst sind nachher Ihre Isomatten und Luftmatratzen im Eimer, und Sie fragen sich, wieso.
Gut, sagte der Bundeskanzler. Ich will die Sache mit meiner Frau besprechen und rufe Sie morgen wieder an.
Fünf Minuten später klingelte es schon.
Hier Schröder. Wir kommen nun doch nicht. Meine Frau ist kein Camping-Typ.
Schon klar, sagte ich, aber bereden Sie so was nicht vorher? Ist doch peinlich. Erst groß anfragen und dann absagen. Stellen Sie sich vor, ich hätte in der Zwischenzeit die Türken schon gefragt. Wie stünden wir dann da? Die Türken finden uns Deutsche sowieso schon doof. Durch solche Geschichten geht doch auch der letzte Respekt flöten.
Nun machen Sie mal einen Punkt!, rief der Bundeskanzler. Unsere Mitbürger türkischer Herkunft haben sehr viel Respekt vor uns, davon konnte ich mich in vielen persönlichen Gesprächen überzeugen!
Pah!, rief ich. Sie plauschen mit gebildeten Großstadttürken! Aber hier sitzen die anatolischen Bauern mit ihren fetten Hintern auf Kartonagen vor der katholischen Kirche St. Michael, und ihre Söhne äffen unseren Heiland am

Kreuz nach. Soll ich mal nach Ankara fahren und vor einer Moschee Dolly Buster oder Verona Feldbusch aufs Pflaster malen?
Von mir aus, sagte der Bundeskanzler und legte auf.
Ich dachte: Endlich mal ein klares Wort! Ich wollte schon ins Reisebüro, aber meine Frau sagte: Bleib hier! Der Schröder überblickt doch gar nicht die bilateralen Konsequenzen! Der hat deine Hetze nicht mehr ausgehalten, die ist auch unerträglich. Mach uns lieber was zu essen!
Woher weißt du, was bilateral bedeutet?, fragte ich. Du hast doch nie Latein gehabt?
Da warf sie mir den Fisch beleidigt ins Gesicht. Ich konnte ihn gerade noch auffangen.
Es war Victoria-Barsch-Filet. Ich habe es pochiert, mit Weißwein-Sauce angerichtet und dazu Salzkartoffeln mit grünem Salat und Leitungswasser gereicht. Die Kinder waren alle da, und als ich meine Frau nachher fragte: Na, wie war's?, sagte sie: Nicht so toll, aber mal was anderes. Das fand ich fair. Die Kinder hab ich nicht gefragt. Die mögen keinen Fisch. Und deshalb war viel übrig. Das hab ich für die Katze vom Balkon geschmissen. Das mach ich oft. Ich kann sie zwar nicht leiden, aber wenn sie vollgefressen ist, lässt sie wenigstens die Vögel in Ruhe, und außerdem: Sie soll nicht leben wie ein Hund, denn seitdem sie da ist, bleiben die Ratten weg.

Kevin wartet

In den ersten neun Monaten seines Lebens hatte Kevin Degaulle ein so genanntes Uterus-Studium absolviert, und als er geboren wurde, konnte er bereits sprechen, schreiben, lesen und rechnen. Er bat die Hebamme um ein Blatt Papier und schrieb noch im Kreißsaal sein erstes Gedicht. Es trug den Titel: Puh! War das eng! Sein Vater, der die Geburt natürlich miterlebt und auf Video festgehalten hatte, sagte zwar: Schön, Kevin! Aber er konnte die Enttäuschung nur schwer verhehlen. Sein Sohn ein Dichter! Das musste nun wirklich nicht sein. Er hatte eher an eine Karriere in den Bereichen Spionage, Rüstung oder Baubranche gedacht und nun so was! Seine Frau spürte die Enttäuschung ihres Mannes, und obwohl die Geburt nicht leicht gewesen war, hatte sie noch Kraft für einige tröstende Worte: Reg dich nicht auf, Sven, sagte sie fast unhörbar. Wir werden ihm die Flausen schon austreiben!

Wollen Sie das Gedicht aufheben?, fragte eine Krankenschwester. Es reimt sich kein bisschen!

Kevins Vater machte eine abfällige Handbewegung: Ab in die Tonne!

Mit einem halben Monat fing Kevin an zu laufen und nach sechs Wochen konnte er Fahrrad fahren. Mit zweieinhalb Jahren wurde er geschlechtsreif, und mit drei war er ausgewachsen. Er hatte Abitur und Führerschein. Gedichte schrieb er keine mehr. Jedes Mal, wenn er eins schreiben wollte, hatten die Eltern mit dem Tod seines geliebten Hamsters gedroht: Wenn du solche Sachen schreibst, wird Leo sterben! Und wenn er dann trotzdem ein Gedicht schrieb, lag der Hamster am nächsten Morgen tot in seinem Laufrad. Siehst du, sagten die Eltern dann. Er wollte vor dir fortlaufen. Er fürchtet sich vor Gedichten. Nach 37 Leos gab Kevin die Lyrik auf und fing an, Spürpanzer zu zeichnen, die sein Vater ihm zum Einschlafen per Video vorführte. So wie andere Kinder Schäfchen zählten, zählte Kevin Spürpanzer.

Als er dann mit vier Jahren nach abgeschlossenem Schnellstraßenstudium in das Bauunternehmen seines Vaters einstieg, waren die Eltern recht zufrieden, obwohl sie ihn am liebsten als Spion in China gesehen hätten. Immer wieder hatte seine Mutter sich vorgestellt, wie sie auf die Frage früherer Kolleginnen (sie selbst war eine berühmte Leichtathletin gewesen) nach dem Werdegang ihres Sohnes geantwortet hätte: Unser Kevin ist Spion im fernen Osten!

Mit viereinhalb, als er zu seinem BMW Z3 zurückkehrte, den er verkehrswidrig geparkt hatte, lernte Kevin eine attraktive Politesse kennen: Linda Vollrock. Sie fand Kevin auch nicht ohne, doch als sie hörte, dass er erst viereinhalb war, wollte sie nichts mehr von ihm wissen.

Linda!, flehte Kevin sie an. Was kann ich denn dafür, dass ich ein Turbokind bin? Was ist so schlimm daran, dass meine Eltern sich das zeit- und nervenaufreibende Naturprogramm erspart haben?

Nichts, entgegnete Linda. Das ist jedem überlassen. Aber ich kann mit einem Viereinhalbjährigen nun einmal nicht schlafen!

Lass die altmodische Kuh laufen!, sagte Kevins Mutter. Es gibt genug junge Frauen, die sind scharf auf Turbokids, weil sie wissen, dass ihr nicht langweilig sein könnt. Dafür ging alles zu schnell.
Ich weiß, Mutti, sagte Kevin, und er tat sein Bestes, um Linda zu vergessen. Mit sechs heiratete er die schöne, vollbusige Corinna Marschall. Sie war fünfeinhalb und auch ein Turbokind. Als Kevin vierzehn wurde, hatten sie schon sechs Kinder. Er war ein erfolgreicher Bauunternehmer, überlegte aber, ob er die Firma nicht endlich seinem Ältesten, dem mittlerweile achtjährigen Rudolf überlassen und selbst noch einmal etwas ganz anderes versuchen sollte.
Er fragte seine Frau: Was meinst du? Soll ich noch einmal etwas ganz anderes versuchen?
Seine Frau wunderte sich sehr. Es ist für Turbokids nicht ungewöhnlich, vier, fünf, sechs Karrieren hinzulegen, auch in ganz unterschiedlichen Bereichen.
Warum fragst du?, erwiderte Corinna, die keine Kinder mehr wollte, sondern endlich Schmuck entwerfen. Hattest du vielleicht vor, mit vierzehn schon in Rente zu gehen? Sie mussten beide lachen, aber die alerte Gefährtin spürte Kevins Verlegenheit.
Am nächsten Tag sprach sie mit Kevins Vater und drückte ihre tiefe Besorgnis über Kevins Zustand aus. Ich glaub, der tickt nicht sauber!
Sven versprach Corinna, mit Kevin zu reden.
Was is' los, Kevin?
Ach, Vater, sagte Kevin. Ich habe in meinem Leben alles erreicht. Ich leite eine florierende Firma, ich habe eine schöne Frau und sechs fantastische Kinder. Mir reicht's! Ich meine, das reicht mir. Ich will nicht mehr. Ich würde mich

jetzt am liebsten in einen Stein verwandeln und nur noch daliegen.
So ein bescheidenes Arschloch!, dachte Sven. Das darf ja wohl nicht wahr sein!
Deine Frau und deine Kinder brauchen dich!, sagte Sven streng. Was sollen deine Kinder von einem Vater denken, der mit vierzehn die Brocken hinschmeißt? Überleg mal bitte! Warum gehst du nicht für ein paar Jahre als Spion nach China? Denk auch einmal an deine Mutter! Es war immer ihr Traum, so einen Sohn zu haben.
Kevin nickte. Ist gut, Vater. Dann geh ich eben nach China. Aber sprich du bitte mit Corinna, denn wir werden die nächsten Jahre nur eine Wochenendbeziehung führen.
Ist gut, Kevin, sagte Sven.
Damit hab ich kein Problem, meinte Corinna. Die Modebranche verlangt Einsatz rund um die Uhr. Von mir aus kann er ganz in China bleiben!
Dann ist ja alles o.k., sagte Sven und rief Kevin an. Also Kevin, Corinna hat nichts dagegen, wenn du Spion in China wirst, und es reicht vollkommen, wenn du Weihnachten da bist.
Da zog Kevin nach China, aber nicht als Spion. Er machte in Peking eine Currywurst-Bude auf und fing wieder an, Gedichte zu schreiben. Dazu fertigte er zauberhafte Tuschezeichnungen an. Die stellte er in seiner Bude aus. Sie waren so schön, dass immer mehr Leute nur kamen, um sie anzuschauen, obwohl die Currywurst von Kevin wirklich ausgezeichnet war. Sein guter Ruf verbreitete sich über das riesige Land und drang nach einiger Zeit auch bis Europa und Amerika. Filmteams porträtierten Kevin, und als seine Mutter ihn bei Aspekte sah, jubelte sie: Supertarnung, Kevin! Er wurde zur Documenta nach Kassel eingeladen, und

wer stand plötzlich vor ihm und wollte eine Currywurst? Richtig: Linda Rasch, geborene Vollrock! Sie war jetzt 34, sah immer noch toll aus und fragte: Na, Kevin, wie alt bist du denn jetzt?
Achtzehn, sagte Kevin.
Dann bist du ja jetzt volljährig, stellte Linda fest und lächelte verführerisch.
Kevin rief: Warte! Er machte seine Bude zu und ging mit Linda einen trinken. Lindas Mann war auch dabei, aber er fühlte von Sekunde zu Sekunde, dass er immer überflüssiger wurde. Er verdrückte sich unauffällig und suchte sich sofort in Kassel eine neue Frau.

Schwalben erwünscht

Unsere Garage ist nach hinten offen, und wir dachten: Mensch! Da könnten doch Schwalben nisten! Also malten wir ein großes Schild, auf dem ›SCHWALBEN ERWÜNSCHT‹ stand, und hängten es gut sichtbar auf.
Es meldete sich erst mal aber nur eine Krähe, die meinte, Schwalben seien Analphabeten. Sagt bloß, das habt ihr nicht gewusst?, fragte sie oberschlau.
Woher sollten wir wissen, welche Vögel lesen und schreiben können?, fragte meine Frau. Wir können uns mit Tieren ja nicht unterhalten, und ehrlich gesagt: Das wollen wir auch gar nicht. Wir haben schließlich genug um die Ohren!
Klar, sagte die Krähe. Ich wollte euch ja auch nur warnen. Als Faustregel gilt: Je kleiner die Vögel, desto dööfer. Ist ja auch logisch: kleine Köpfe – kleine Gehirne. Ihr sagt es: Spatzenhirn. Das geht in die richtige Richtung. Also, bevor ihr euch dämliche Schwalben aufhalst, überlegt es euch gut! Die machen viel Dreck und locken böse Geister an.
Was!?, rief ich. Wir dachten, die bringen Glück!
Das ist auch nur so ein komischer Mythos, krähte der schwarze Vogel. Ein einziges großes Missverständnis!
Missverständnis? Wir sahen die Krähe neugierig an.
Das kam so, erzählte sie: Wenn die Bauern früher beisam-

menstanden und über die Schwalben schimpften, sagte einer am Ende immer: Zum Glück hauen sie im Herbst ja wieder ab! Ja, ja, zum Glück, riefen die anderen dann laut. Zum Glück, zum Glück! Kam nun ein ahnungsloser Städter zufällig vorbei, hörte er vielleicht, dass es um Schwalben ging. Dann hörte er noch Glück, Glück, Glück, und fertig war der Fehler!

Wir schüttelten die Köpfe. Das glaub ich nicht, sagte meine Frau. Was man von einem Gespräch am ehesten aufschnappt, ist die Stimmung. Und die Stimmung muss doch ärgerlich gewesen sein.

Also ich halte mich lieber an die Wörter als an die Stimmungen, entgegnete die Krähe. Die Stimmung kann doch täuschen.

Mich nicht, sagte meine Frau.

Na, wie auch immer!, rief die Krähe. Ich habe euch gewarnt. Und einen schönen Tag noch!

Sie flog ans Nachbarhaus und rupfte ein verlassenes Spatzennest aus dem Efeu.

Da kam ein Zaunkönig angeflogen. Ich hab gehört, sie mögen Vögel.

Ja, schon, antwortete ich. Aber eigentlich sind wir mehr an Schwalben interessiert. Wir haben nämlich eine schöne Garage, die nach hinten offen ist.

Seh ich, piepste der winzige Vogel. Gefällt mir!

Aber Sie nisten doch nur in Hecken, sagte meine Frau.

Da haben Sie das Problem erkannt, meinte der Zaunkönig. Sie müssen eine Hecke bauen!

Ich fragte: Wie bitte? Wir sollen in unserer Garage eine Hecke anpflanzen?

Wär super, sagte der Zaunkönig.

Ich sagte: Herr Zaunkönig –

Meine Freunde nennen mich ZK, unterbrach mich der unscheinbare Vogel.
Ich sagte: Also gut, ZK, nun hören Sie mal zu. Ich verstehe Ihre Vorliebe für trockene Plätzchen, aber unsere Garage hat einen feinen Estrichfußboden! Da wachsen keine Pflanzen!
ZK hob seinen Schnabel und sah uns sehr spitz an. Möglich ist alles!
Wir haben Katzen, sagte meine Frau.
ZK erschrak. Dann mögen Sie also gar keine Vögel!
Doch, sagte ich. Wir mögen Katzen und Vögel, aber nicht so unverschämte, aufdringliche Vögel wie Sie!
Ihr Drecksäcke!, zeterte der Zaunkönig, und wer jemals einen Zaunkönig hat Drecksäcke zetern hören, weiß, wieviel Hass da mitschwingt.
Unglaublich!, stöhnte meine Frau. Da will man Tieren helfen und erntet nichts als Ablehnung!
Vielleicht können die Schwalben ja tatsächlich nicht lesen, sagte ich. Und die anderen Vögel reagieren natürlich mit Neid: Aha! Die Schwalben wollen sie und uns nicht!
Ist Neid natürlich?, fragte meine Frau. Wir sahen uns an.
Meine Frau nahm das Schild ab und holte ihre Farben. Sie übermalte es, und nach dem Trocknen schrieb sie: ALLE VÖGEL ERWÜNSCHT. Zwei Tage später klingelten zwei Schwalben. Sie hatten von dem Schild gehört. Wir sind interessiert, aber nur, wenn sie Kühe haben.
Wir haben eine Garage, stellte ich klar. Und in einer Garage stehen Autos. Wir haben keinen Stall!
Wir wollen auch keinen Stall, sagte die eine Schwalbe. Eine Garage tut es auch. Es ist nur wegen der Fliegen. Mögen die auch Autos?

Ich sagte: Ja. Man müsste das Auto nur vollscheißen. Dann lieben es die Fliegen.
Das würden sie dann übernehmen?, fragte die andere Schwalbe.
Was!? Das Vollscheißen!?
Die Schwalben nickten.
Na, hören Sie, rief ich. Ich werde doch nicht mein eigenes Auto vollscheißen! Für wen halten Sie mich?
Wir dachten, sie hätten ein Herz für Tiere, sagte die eine Schwalbe.
Hab ich auch!, rief ich.
Aber wie stellen Sie sich das dann vor?, fragte die andere Schwalbe. Wir brüten zweimal im Jahr, das ist eine gewaltige Leistung. Wir geben alles, psychisch und physisch. Wir gehen an unsere Grenzen. Haben Sie Kinder?
Wir nickten.
Na, also! Dann wissen Sie, wovon ich rede, das heißt, dann haben Sie eine Ahnung, davon, was es heißt, zweimal im Jahr zu brüten. Und da verlangen Sie von uns auch noch, dass wir Ihr Auto vollscheißen. Aber gut, mit uns Eltern kann man's ja machen! Dann scheißen wir eben auch noch Ihr Auto voll! Denn ohne Fliegen geht es nicht!
Ich sagte: Halt. Moment mal! Hier scheißt niemand unser Auto voll. Ich nicht und Sie auch nicht. Das ist mein letztes Wort!
Die Schwalben sahen sich an. Wir hätten auf ZK hören sollen, sagte die eine zur anderen. Zusammen zählten sie: 1-2-3! Dann zeterten sie los: Drecksack! Drecksack! Weg waren sie.
Ich ging zum Schild und setzte ein ›Außer Schwalben und Zaunkönige‹ unter das ALLE VÖGEL ERWÜNSCHT.
In der Folgezeit mussten wir oft mit unserem Wagen durch

die Waschanlage fahren, weil er von Vogelkot stark verunreinigt war. Wir dachten erst nichts Böses, doch eines Morgens, ich wollte zum Steuerberater, sah ich einen Zaunkönig oben auf der Windschutzscheibe hocken. Er hatte Durchfall! Ich zog einen Aktenordner aus der Tasche und schleuderte ihn wütend Richtung Vogel. ZK flog lauthals weg, bevor der Ordner die verschmierte Scheibe traf. Ich musste zurück ins Haus, um ihn zu säubern.
Stell dir vor, rief ich. Aber meine Frau hatte die Kopfhörer auf und hörte wie jeden Morgen den herrlichen Choral ›Gelingendes Leben kann nur Herr Jesus geben‹. Ich wollte sie nicht stören. Das Schild habe ich abgenommen und hinter Gerümpel versteckt.
Ich erzählte die Geschichte dem Steuerberater. Er seufzte: Freie Tiere kennen einfach kein echtes Miteinander. Sie sind zu egoistisch! Leider.
Ja, leider!, wiederholte ich mit Nachdruck. Dann zeigte er mir die Zahlen.

Nachts am Strand

Ich habe viel über das Leben erfahren, sagte Bruder Love, und sehr vieles davon direkt vom Leben selbst.
Erzähl mal!, rief Anna. Wenn mir die Sonne so schön auf den Bauch scheint, hör ich gern was vom Leben.
Keine Lust, sagte Bruder Love. Ich habe mehr davon, einfach in der Sonne zu liegen, als euch was vom Leben zu erzählen. Ihr nehmt mich sowieso nicht ernst.
Ach, du mit deiner Ernstnehmerei!, rief Krabbe. Wenn du uns was vom Leben erzählst und die Zeit geht schön vorbei, das reicht uns schon.
Bruder Love schob mit beiden Händen einen Haufen Sand zwischen seinen Beinen zusammen. Sie hörten jemand näher kommen.
Darf ich mich zu euch setzen?
Die drei Freunde sahen den Soldaten an und wussten nichts zu sagen.
Ich kam zufällig hier vorbei, erklärte der Soldat, und da hörte ich eure Stimmen.
Setz dich ruhig zu uns, sagte Bruder Love. Wir tun dir nichts.
Alle lachten. Der Soldat legte seinen Helm und sein Gewehr in den Sand, und da bemerkten die Freunde, dass beides aus Pappe war.

Hab ich selbst gebastelt, sagte der Soldat und stellte sich vor: Ich heiße Mike Gerwien, aber meine Freunde nennen mich Rommel.
Ach, sagte Bruder Love, Sie sind der Wüstenfuchs?
Ja, sprach Mike. Ich bin der Wüstenfuchs. Seid ihr Engländer?
Sehen wir aus wie Engländer?, fragte Krabbe.
Rommel musterte uns alle sehr genau, einen nach dem anderen. Ich bin mir nicht sicher, fand er schließlich. Die Engländer arbeiten mit allen Tricks. Sie wollen die Weltherrschaft, und ich bin der Einzige, der sie stoppen kann.
Du hast dich wohl im Jahrhundert geirrt, sagte Krabbe. Die Engländer haben inzwischen andere Probleme.
Ich bin Robbie Williams!, rief der Soldat und machte ein paar Tanzschritte.
Was denn nun?, fragte Bruder Love. Rommel oder Robbie Williams? Es ist nicht gesund, seine Identität so rasch zu wechseln. Nachher bist du geistig verwirrt und schwimmst betrunken aufs offene Meer hinaus. Da hat dann niemand was davon.
Nur die Haifische, sagte Anna.
Haifische ekeln sich vor Militärklamotten, meinte Krabbe. Das hab ich mal gelesen.
Alle lachten.
Nee, wirklich, sagte Krabbe. Haifische kriegen von Camouflage-Farben schrecklichen Schluckauf, und sie haben so lange fürchterliches Sodbrennen, bis sie alles wieder rausgewürgt haben. Nicht mal die Haifische hätten also was davon, wenn du betrunken hinausschwimmst.
Ich kann nicht schwimmen, bemerkte der Soldat. Ich würde mich nie aufs Meer hinauswagen.
Sollen das Handgranaten sein?, fragte Bruder Love und

zeigte auf die glatten Kiwis, die am Gürtel des Soldaten hingen.
Was sonst?, erwiderte der Soldat.
Hätten ja auch Kiwis sein können, meinte Bruder Love.
Was könnte ich denn mit Kiwis gegen die Engländer ausrichten?, fragte Mike.
Bruder Love hatte den Sandhaufen zwischen seinen Beinen festgeklopft und mit dem Finger viele Löcher reingedrückt.
Was soll das werden?, fragte Anna.
Das ist ein Modell für einen gigantischen Bestattungshügel, erklärte Bruder Love.
Widerlich!, rief Krabbe. Wer möchte denn in so einem Loch begraben sein?
Niemand, sagte Bruder Love. Natürlich niemand. Niemand freiwillig.
Erzähl schon, forderte Anna ihn auf, wer soll darin bestattet werden?
Leute, die Kinder sexuell missbrauchen, sagte Bruder Love. Sie werden getötet, eingeäschert, und dann wird ihre Asche durch diese Löcher in den hohlen Berg gekippt. Das wäre sicherlich ein eindrucksvolles Mahnmal.
Super, sagte der Soldat. Da wär viel Geld gespart.
Aber ihr könnt doch nicht einfach jeden umbringen, der sich an Kindern vergreift, wandte Krabbe ein. Ihr seid ja wahnsinnig!
Ich würde alle Mörder umbringen, sagte Anna sehr gelassen. Aber ich bin ja nicht der Staat.
Ich auch nicht, sagte der Soldat und feuerte eine Kiwi in Bruder Loves Modell. Und noch eine, und noch eine. Nachdem er alle Früchte verballert hatte, legte er sich neben Anna in den Sand und sah den Himmel an. Er zeigte auf eine Wolke und rief: Das ist meine Mutter!

Anna sagte: Es muss schwierig sein, so eine große, leichte Mutter zu haben, oder?
Bruder Love hatte die Kiwis aus dem Sandhaufen geklaubt und schleuderte sie aufs Meer hinaus.
Wir hätten sie essen können!, rief Krabbe.
Nein, sagte Bruder Love. Wir essen keine Munition!

Sankt Buffalo

Hinter dem halb verfallenen Geräteschuppen hatte Crazy Lou ein Büffelskelett freigelegt. Ganz vorsichtig hatte sie die Knochen mit einem Backpinsel gesäubert und auch schon einige Fotos gemacht.

Warum gibst du dir mit diesen alten Knochen so viel Mühe?, fragte ihr Mann Louie Baker. Die sind doch für nichts mehr zu gebrauchen.

Ich finde das Skelett sehr schön, entgegnete Crazy Lou. Und ich habe vor, einen Plexiglaskasten darüber zu errichten und aus unserem alten Hof langfristig einen Wallfahrtsort zu machen. Du kannst dann Souvenirs verkaufen.

Ich bin Rodeoreiter, du Schlampe!, sagte Louie gereizt. Wie kommst du auf die Schnapsidee, ich würde so einen Scheißdreck verkaufen?

Rodeoreiter!, lachte Crazy Lou. Seit deinem letzten Bandscheibenvorfall kannst du nicht mal mehr schmerzfrei fernsehen! Und nenn mich nicht in Anwesenheit deiner Mutter eine Schlampe. Du weißt, wie empfindlich sie in solchen Dingen ist!

Die alte blinde Ma Baker saß in ihrem Rollstuhl und weinte.

Siehst du!, schimpfte Crazy Lou. Du ungehobelter Klotz! Sie weint schon.

Crazy Lou zog ihr Handy aus dem Dekolleté. Ich werde Deaf Leppard anrufen. Er soll Mutter an den Fluss schieben. Da sitzt sie ja so gerne, wenn die Sonne untergeht.
Es ist erst 14 Uhr!, rief Louie. Soll Mutter sieben Stunden mit der tauben Nuss am Wasser sitzen?
Na und, blaffte Crazy Lou. Ich werde ihnen zwei fette Fresspakete packen, dann halten sie es locker aus.
Rum, sagte Ma Baker.
Natürlich Mutter, flüsterte Crazy Lou. Ich lass euch nicht verdursten.
Zwanzig Minuten später kam Deaf Leppard mit seinem uralten Subaru auf den Hof gerollt. Er hatte eine Streifschusswunde an der Stirn.
Das waren die beiden Jungs vom alten Bush. Ich hab ihnen die Waffen abgenommen und sie mit einem Keilriemen vermöbelt. Ballern einfach in der Gegend rum! Das hätte echt ins Auge gehen können!
Du hättest sie mit dem Wagenheber vermöbeln sollen, meinte Crazy Lou.
Schaff dir eigene Kinder an!, schnauzte Deaf. Die kannst du dann mit einem Wagenheber vermöbeln.
Deaf!, rief Ma Baker.
Sorry, sagte Deaf, ist mir so rausgerutscht.
An mir liegt's nicht, verdammt noch mal!, fluchte Crazy Lou. Ich war schon mit fünfzehn schwanger! Das Rodeo ist schuld, dieses verdammte Rodeo. Damit hat er sich die Eier ruiniert!
Louie trat in die Büffelknochen. Es machte ratsch, die Rippen flogen durch die Luft.
Du Schwein!, rief Crazy Lou und schlug ihm mit der Faust voll auf die Schläfe.
Wie ein gefällter Baum fiel Louie um. Deaf konnte ihn

noch knapp vor dem Aufprall abfangen. Er ließ ihn zu Boden.
Hol Wasser!
Crazy Lou ging widerwillig zur Pumpe und holte einen Eimer Wasser. Sie goss es Louie aus größtmöglicher Höhe ins Gesicht. Er kam zu sich.
Wir gehen dann jetzt mal los, sagte Deaf.
Crazy Lou rannte ins Haus und holte den Rum. Deaf nahm ihn und schob mit Ma hinunter an den Fluss. Es war wie immer: Die Sonne sank, sie tranken, und Ma erzählte von ihrer Zeit als Nutte in Chicago, aber erst nachdem Deaf sie aufgefordert hatte: Erzähl doch mal. Ma! Wie war das damals in Chicago? Und dann schaltete er sein Hörgerät ab.
Als sie wieder zum Hof zurückkehrten, hatte Crazy Lou die Rippen wieder an ihren alten Platz gelegt. Louie saß auf der Veranda. Er hatte sich die Willie-Nelson-Perücke aufgesetzt und sang wie Willie Nelson. Deaf hievte Ma die drei Stufen hoch und rollte sie neben Louie. Sie war eingeschlafen und schnarchte leise. Louie sah kurz auf und nickte Deaf zum Abschied zu. Deaf ging zu Crazy Lou.
Die Leute erzählen sich, du willst aus der Farm einen Wallfahrtsort machen.
Mach ich, sagte Crazy Lou. Aber du musst mir dabei helfen.
Deaf schüttelte den Kopf. Ich hab mit so was nichts am Hut!
Hör erst mal zu, sagte Crazy Lou. Mir wird über diesem Büffelskelett die Mutter Gottes mit einem vollen Präservativ erscheinen. Ich werde endlich wieder schwanger werden.
Du bist verrückt, sagte Deaf. Das wird dir keiner glauben.

Wart's ab, entgegnete Crazy Lou. Wirst du mir helfen?

Deaf sagte: Ja, wozu sind Freunde da?

Drei Wochen später stand die Sache in der Zeitung, dann zogen Fernsehsender nach, und als Crazy Lous Schwangerschaft offensichtlich wurde, kamen die ersten Zeugungsunfähigen, um am Büffelschrein zu beten. Louie verkaufte Büffelgerippeanhänger, Madonnenstatuen und St.-Buffalo-T-Shirts, und die Sache hätte klappen können, wenn Crazy Lous Baby nicht mit einer erheblichen Hörbehinderung zur Welt gekommen wäre. Da gab es gleich Gerüchte. Ein Fernsehsender bot ihr einen Haufen Geld für eine Vaterschaftstestshow. Sie wusste, dass es aus war, und überredete Deaf, mit ihr in diese Show zu gehen. Am nächsten Tag waren alle weg, auch Louie und Ma Baker. Man munkelte, sie hätten sich nach Kuba abgesetzt. Die Farm hatte ein Geschäftsmann aus Sacramento gekauft. Er baute sie zu einem Hospiz für wohlhabende Singles aus und hielt den Büffelschrein in Ehren. Er warb damit sogar auf seiner Homepage, er tut es immer noch. Unter dem Foto steht: Coming to St. Buffalo, say hello and never go. Das mag für europäische Ohren geschmacklos klingen, aber der Laden läuft!

Die Blues-Café-Prozession

Seine Mutter hatte ihn gewarnt, aber Bernd hatte nicht hören wollen. Bernd!, hatte sie gesagt. Wenn du nur einmal kurz hinschaust, wirst du stundenlang im Fenster liegen. Jetzt lag er schon seit vier Stunden im Fenster, und obwohl er dringend pinkeln musste, konnte er sich nicht vom bunten Trubel auf der Straße losreißen. Gerade balancierte jemand einen rot lackierten Motorradvergaser auf dem kleinen Finger seiner rechten Hand vorbei, und hinter ihm ging jemand mit einer Schubkarre, in der ein höchstwahrscheinlich selbstgebauter Nachtclubbesitzer saß. Hätte er nicht dieses große Schild aus Pappe um den Hals gehabt, auf dem in Druckbuchstaben Nachtclubbesitzer stand, wäre man vielleicht gar nicht auf Nachtclubbesitzer gekommen.
Heh!, rief Bernd. Warum denn Nachtclubbesitzer?
Die kann ich am besten!, rief der Mann zurück, und Bernd dachte: Der ist ja verrückt. Dann kam ein ganz normaler Mähdrescher, und auch der Fahrer sah aus wie ein ganz normaler Mähdrescherfahrer.
Klasse!, dachte Bernd, da lassen die einfach einen ganz normalen Mähdrescherfahrer mitfahren! Das muss man sich mal vorstellen: Zwischen all diesen Verrückten plötzlich ein ganz normaler Mähdrescher mit einem ganz nor-

malen Fahrer. Aber weiß man's?, dachte Bernd. Vielleicht ist der Fahrer ja auch ein Kannibale oder noch was Schlimmeres. Er winkte ihm trotzdem zu. Der Fahrer machte lässig das Victory-Zeichen und lächelte fast.

Hinter dem Mähdrescher kam eine Schafgruppe, d.h. Menschen in Schafsfellkostümen mit Schafsmasken. Sie riefen: Mäh, Mäh, Mäh!

Ach, deshalb der Mähdrescher!, rief Bernd überrascht und schlug sich mit der flachen Hand so kräftig vor die Stirn, dass er nach hinten fiel. Einige Schafe hatten den Vorfall mitbekommen. Sie hielten an, und ein Schaf rief: Zeigen Sie sich bitte, damit wir wissen, dass alles in Ordnung ist!

Bernd rappelte sich auf und erschien, noch leicht benommen, am Fenster. Er befand sich im dritten Stock und rief: Ich befinde mich im dritten Stock!

Ja, super!, riefen nun etliche Schafe. Das ist großartig! Wie heißt du?

Bernd!

Hey!, riefen die Schafe nun wild durcheinander: Bernd ist im dritten Stock! Er ist im dritten Stock!

Bernd war jetzt wieder ganz bei sich und schrie: Geht weiter! So toll ist das ja auch nicht!

Die Schafe lachten, und eins rief sogar: Komm runter, Bernd! Wir brauchen einen Hirten!

Bernd winkte ab: Ich hab gar keinen Hund!

Frag deine Frau oder deine Freundin, rief das Schaf. Die kann der Hund sein!

Ich wohne bei meiner Mutter!, rief Bernd. Die will bestimmt nicht mein Hund sein!

Frag sie doch erst mal!, riefen die Schafe.

Na, gut!, brüllte Bernd, fast schon ein wenig wütend we-

gen der Hartnäckigkeit der Schafe. Mutti!, rief er. Komm mal bitte!
Die Mutter kam.
Hör mal, Mutti, sagte Bernd. Die Schafe da unten hätten mich gern als Hirten, aber ich habe keinen Hund. Würdest du der Hund sein wollen?
Bernds Mutter warf einen superkurzen Blick auf die Straße und sagte: Diese Scheißweiber wollen sich nur von dir befruchten lassen, weil sie dich wegen deiner Krone für einen König halten. Sag ihnen, dass du gar kein echter König bist, dann wirst du schon sehen.
Ich bin kein echter König!, rief Bernd.
Egal!, riefen die Schafe. Beeil dich!
Siehst du!, zischte Bernd seine Mutter an. Du kennst die Menschen gar nicht so gut, wie du immer tust!
Dann geh doch!, rief die Mutter. Aber wenn du wieder kommst, bin ich weg! Sie weinte.
Mutti, sagte Bernd und nahm sie in den Arm. So wichtig ist mir dieses Angebot nun auch wieder nicht. Er trat ans Fenster und sagte mit einer klaren Handbewegung definitiv ab. Die Schafe zogen weiter.
Die Mutter sagte: Ich bügel dann ein Stündchen.
Bernd steckte sich eine Zigarette an und verfolgte die geschmeidigen Bewegungen einer Solotänzerin, die im Schatten eines viereckigen Elefanten den Begriff ZWEIFEL eindrucksvoll darstellte. Sie gefiel Bernd so gut, dass er sich zu einer frechen Bemerkung hinreißen ließ. Heh, du alte Schlampe, rief er. Warum stellst du nicht den Begriff FREUDE dar, dann wären dir alle dankbar!
Er erschrak im selben Moment über seine Spontaneität. Er schämte sich so sehr, dass seine Brustwarzen pulsierten. Die Tänzerin nahm überhaupt keine Notiz von ihm. Sie

war in ihre Kunst versunken. Es folgten zwei mit Radiergummis beklebte Dalmatiner. Wer macht denn so was?, fragte sich Bernd und staunte gleichzeitig über seine guten Augen. Auf die Entfernung diese kleinen hellen Teile als Radiergummis zu erkennen, ist schon erste Sahne! Mit meinen Augen könnte ich bestimmt Scharfschütze werden, freute sich Bernd. Da flatterten acht Vögel vorbei, es waren ganz ordinäre Amselweibchen. Sie hatten sich die Flügel gelb gefärbt und dann die drei dicken schwarzen Punkte aufgemalt, das sollte heißen: Wir sind Blindenvögel.
Nee, dachte Bernd, was wollen die denn? Da rumpelte ein vergoldeter Leiterwagen heran, auf dem ein Elvis-Double Suspicious Minds zum Besten gab. Ein Robbie-Williams-Double zog den Wagen. Bernd applaudierte begeistert, und beide sahen hoch zu ihm und nickten seltsam wohlwollend. Dann folgten zwei Frauen ganz in Weiß. Sie trugen ein weißes Transparent, auf dem in Samenfaden-Schrift FRAUEN FÜR FITTE SPERMIEN stand. Sie trugen Rucksäcke, aus denen sie Broschüren zogen, die sie hoch in die Luft warfen, und die Broschüren flogen weg!
So etwas hatte Bernd noch nie gesehen. Wie Vögel flogen die Broschüren hoch in den Himmel, kreisten dort, um dann im Sturzflug zur Erde zurückzukehren. Knapp über dem Boden blieben sie dann flatternd stehen. Bernd schüttelte den Kopf und murmelte: Nee, nee, nee. Flatternde Broschüren! Da denkt man doch, die leben! So eine hol ich mir!
Er stieg in die Schuhe, warf sich die Windjacke über und war schon auf der Straße. Er versuchte eine Broschüre zu fangen, aber es gelang ihm nicht. Er ließ sich enttäuscht auf einem Backsteinmäuerchen nieder und überlegte: Wann war ich eigentlich das letzte Mal draußen? Im Frühling?

Jetzt war auch Frühling. Eine junge Frau setzte sich neben Bernd aufs Mäuerchen. Sie war Reporterin und wollte Bernds Meinung zur diesjährigen Blues-Café-Prozession hören.
Ich seh die ja zum ersten Mal, sagte Bernd, weil ich bis vor kurzem gar nicht wusste, dass man aus einem Haus so lange rausgucken kann. Ich find die Prozession sehr schön, auch kreativ und alles.
Danke, sagte die Reporterin und ging. Sie wackelte mit ihrem Hintern. Bernd versuchte es auch, doch die Reporterin war besser. Er setzte sich wieder hin und verfolgte die Prozession, bis er einen kalten Hintern hatte. Es war ja erst April. Er ging zurück in die Wohnung und machte per Selbstauslöser zur Erinnerung ein Foto von seinem kalten Hintern. Als er das Bild seiner Cousine Gina einige Wochen später zeigte, meinte sie, er hätte die Sachen ausziehen sollen. Kalte Hintern kämen nackt viel überzeugender rüber. So sähe man ja nur die Hose. Überzeugender … grummelte Bernd. Ich will doch keinen überzeugen. Ist doch nur zur Erinnerung.
Dann schreib das bitte hinten drauf, sagte Gina: Zur Erinnerung an die Blues-Café-Prozession 2002. Sonst weiß später niemand, was das soll!

Oleandertag

Eine böse Überraschung musste vor wenigen Wochen der Pharmavertreter Phillipp D. erleben. Als er am Morgen seine Garage betrat, musste er feststellen, dass sein Auto sich in einen Oleanderstrauch verwandelt hatte, der in einem Terrakottatopf mitten in der Garage stand. Phillipp war so verdutzt, dass er es einfach nicht wahrhaben wollte. Er versuchte den Oleander zu starten, indem er den Zündschlüssel in die Blumenerde steckte und ihn herumdrehte. Es klappte, der Oleander sprang an!

Aber was hilft mir das?, rief der junge Mann. Der Oleander hat keinen Sitz, kein Lenkrad, keine Räder! Er wollte die Pflanze ausmachen. Es ging nicht.

Er rief seine Frau: Komm mal bitte, Suleika, ich krieg den Oleander nicht aus!

Seine Frau war frisch geduscht und duftete nach Tabac Original, den einzigen Duft, den sie an sich liebte. Sie glaubte zuerst, sich verhört zu haben, doch als sie den tuckernden Oleander sah und hörte, musste sie erst mal lachen.

Wo ist denn unser Auto?

Phillipp sah schweigend auf den Strauch.

Wo ist unser Auto?, wiederholte Suleika.

Ich weiß es nicht!, schrie Phillipp. Es ist weg! Gestohlen,

was weiß ich. Und diesen Scherzartikel haben sie uns dagelassen.
Suleika fasste die Oleanderblätter an. Die sind echt!
Es klingelte an der Tür. Der Nachbar fragte: Ist euer Auto auch verschwunden?
Phillipp und Suleika nickten.
So einen hab ich auch, sagte der Nachbar. Aber er macht keinen Lärm.
Du musst ihn starten, sagte Phillipp, dann macht der auch so'n Lärm.
Bionik, murmelte der Nachbar.
Wie bitte?, fragte Phillipp.
Die Verschmelzung von Biologie und Technik, sagte der Nachbar, nennt man Bionik, und es ist schon faszinierend, findet ihr nicht?
Unser Auto ist weg!, schrie Phillipp. Was ist daran faszinierend? Soll ich jetzt auf dem Oleander die Ärzte abklappern?
Der Nachbar ging. Suleika rief ihren Vater an, der brachte sein Auto vorbei, und Phillipp konnte los. Suleika ging zur Polizei, um das Auto gestohlen zu melden, aber der Polizist meinte: Gehen Sie bitte nach Hause. Ihr Auto steht wieder in Ihrer Garage.
Was soll das?, fragte Suleika. Sind Sie Hellseher?
Da wackelte der Polizist mit dem Po und rief: Yeah, ich bin ein sexy Hellseher, yeah!
Suleika wandte sich um, und der Polizist rief: Wundern Sie sich nicht über die Blüten!
Das Auto stand tatsächlich in der Garage und blühte.
Suleika machte Fotos. Mit jedem Blitz verschwanden etliche Blüten, und nach acht Bildern sah das Auto wieder aus wie früher. Als Phillipp nach Hause kam, freute er sich

selbstverständlich über die Entwicklung, obwohl sie völlig unerklärlich war.
Wenn mir jemand so eine Geschichte erzählen würde, sagte Suleika, ich könnte sie nicht glauben.
Ich auch nicht, sagte Phillipp.
Wenn mir jemand so eine Geschichte erzählen würde, sagte Suleika, dächte ich, da will mich jemand verarschen oder einfach nur die Zeit irgendwie totschlagen.
Phillipp sah Suleika an: Aber wir haben es wirklich erlebt. Und der Nachbar auch.
Und auch der Polizist wusste Bescheid, pflichtete Suleika ihrem Gatten bei. Sie schaltete den Fernseher ein.
Aufgrund extremer kosmischer Gegebenheiten und daraus resultierender Magnetfeldturbulenzen, sagte der Nachrichtensprecher, sei es in weiten Teilen des Landes zu Oleandertransformationen gekommen.
Aha!, riefen die beiden. Oleandertransformationen!
Das ist ja mal was Neues, sagte Phillipp.
Suleika nickte.
Eigentlich schön, fuhr Phillipp fort, dass auch mal etwas wirklich Neues passiert, findest du nicht?
Ja, schon, erwiderte Suleika. Aber wenn die Transformation nicht reversiv gewesen wäre, hätten wir jetzt kein Auto mehr. Ich finde dich manchmal wirklich etwas oberflächlich!

Die Heimkehr

Ich würde mir für euch den Kopf an den Arsch operieren lassen!, brüllte der Wanderprediger Paul Henderson. Und was macht ihr? Ihr schwängert meine Frau!
Die beiden arbeitslosen Rockmusiker Ralph und Jingo sahen zu Boden.
Es war keine Absicht, brummelte Ralph.
Es war Vollmond, brummte Jingo.
Ach, brüllte Paul noch lauter. Helen ist vom Vollmond schwanger? Sie hat ihn wohl verschluckt, du verlogenes Stück Scheiße?
Alle schwiegen.
Paul, fing Jingo wieder an, du warst einfach zu lange weg. Über zwei Jahre. Überleg mal! Da fühlt sich jeder irgendwann mal einsam.
Und dann die langen Winterabende, du weißt doch selbst, wie lang die sind, sagte Ralph. Irgendwann hatte Helen Angst vor Wasser. Und da hat sie uns gebeten, mit ihr zu baden und zu duschen.
Zu baden und zu duschen?, fragte Paul. Heißt das, Helen hat seit diesem Tag nicht mehr alleine geduscht oder gebadet?
Die beiden Rockmusiker nickten. Was hätten wir denn tun sollen? Sie einfach verdrecken lassen?

Ihr hättet Doc Fever anrufen sollen, sagte Paul, der kennt sich aus bei seelischen Problemen.
Das wussten wir nicht, sagte Jingo. Das hätte Helen uns sagen müssen.
Wo ist sie eigentlich hin?, fragte Paul.
Sie wollte in die Stadt, etwas erledigen.
Was denn?
Das ist eine lange Geschichte, sagte Jingo.
Paul wurde neugierig. Erzähl schon!
Na, ja, fing Jingo an. Als du ungefähr zwei Monate weg warst, kreuzte hier ein gewisser Matthew Johnson auf. Helen kannte ihn von früher aus Cheerleader-Zeiten.
Matthew Johnson? Paul überlegte. Kenn ich nicht.
Na, dem ging's irgendwie beschissen. Er hatte sein ganzes Vermögen durch eigene Doofheit verloren und wollte sich hier eine Weile verstecken, weil ihn zwei Frauen wegen Unterhaltszahlungen verfolgten. Helen ließ ihn hier wohnen, aber nur als Hund.
Als Hund? Paul Henderson schüttelte den Kopf. Als Hund? Was soll das heißen? Musste Matthew Johnson auf allen vieren herumkriechen und aus einem Napf essen?
Jingo lachte. Ja, so war's! Wir mussten mit ihm Gassi gehen, aber ohne Halsband.
Er schlief auf dem Boden neben Helens Bett, erzählte Ralph. Es war o.k. Aber nach einem halben Jahr hat Helen ihn fortgeschickt, er wurde zu anhänglich.
Er wollte bei ihr schlafen, fuhr Jingo fort. Das ging zu weit.
Und jetzt ist Helen bei ihm in der Stadt?, fragte Paul.
Ralph nickte. Er spielt im Saloon Klavier, seitdem der alte Sam tot ist.
Was will sie dort?, schrie Paul.

Kein Grund zur Aufregung, sagte Jingo. Matthew spielt für Helen oft ›You're so vain‹, das kennst du doch, den alten Hit von Carly Simon?
Kenn ich, brummte Paul.
Helen meint, das mögen Babies, meinte Jingo. Du musst nicht eifersüchtig sein.
Ich bin nicht eifersüchtig, sagte Paul und setzte sich in einen der großen Kaminsessel. Aber ich muss das alles erst mal sortieren. Er schaute in die Glut und schlief schnell ein.
Ralph und Jingo gingen hinters Haus und wässerten das Grab ihres Managers. Wie immer, wenn sie das Grab wässerten, erschien ihnen sein Geist und forderte sie auf, anstelle von Wasser Whisky zu nehmen.
Zu teuer, sagte Jingo. Zu teuer, Alter. Wir können den guten Whisky nicht einfach in die Erde gießen.
Da ballte sich der Geist zu einer unsichtbaren Faust und verpasste den beiden Cuts wie Lennox Lewis Vitali Klitschko.
Sie gingen blutüberströmt ins Haus zurück und wollten sich gerade gegenseitig verarzten, als Helen wiederkam.
Jingo sah ihr Entsetzen und rief sofort: Es war nicht Paul, es ist alles o.k.!
Und wo ist er?
Sie zeigten ins Kaminzimmer.
Er schläft. Wir haben ihm alles erzählt. Er hat es ganz gut aufgenommen.
Helen versorgte die Wunden und setzte sich an den Küchentisch, während Ralph und Jingo Joghurtbecher aus dem Einkaufskorb kramten.
Der Joghurt ist für Paul!, sagte Helen. Und ihr zwei seid morgen verschwunden. Ich habe euch lange genug durchgefüttert!

Ralph und Jingo rannten aus dem Haus und warfen sich vor der Veranda in den Staub.
Was soll das werden?, rief Helen.
Wir wollen Staub werden!, riefen die beiden, als hätten sie es geübt.
Haut ab!, rief Helen. Die Show ist aus!
Paul war aufgewacht und zu Helen auf die Veranda getreten. Gemeinsam betrachteten sie schweigend die reglos im Staub liegenden Männer.
Ich habe ihnen gesagt, dass sie gehen sollen, sagte Helen. Jetzt liegen sie da und wollen Staub werden.
Paul ging zu ihnen. Los, steht auf! Ihr werdet noch früh genug zu Staub.
Eine Stunde später waren sie weg.
Was ist mit diesem Matthew?, fragte Paul.
Er hat mir Lupinensamen geschenkt, sagte Helen. Den werde ich ausäen. Ich möchte Lupinenzüchterin werden, damit wir noch ein zweites Standbein haben.
Tolle Idee!, sagte Paul. Hast du schon einen Namen für das Baby?
Tundra und Taiga, sagte Helen.
Zwillinge?, fragte Paul.
Ja, Zwillinge!, rief Helen. Haben die beiden Stoffel das Wichtigste doch glatt vergessen!
Tundra und Taiga, sagte Paul. Klingt gut.

Sexualkunde

Vor vielen, vielen Jahren, als die Hoden noch unabhängig und ungebunden waren, hüpfte einer lustig durch das Unterholz eines Dschungels. Er war so übermütig, dass er gar nicht bemerkte, wie sich über ihm ein böses Unwetter zusammenbraute.

Auf einmal brach der Himmel auf, und große Wassermassen prasselten mit einer solchen Wucht auf die Erde, dass viele Bäume in sich zusammenbrachen, also nicht einfach umknickten, sondern richtig in sich zusammenbrachen, so als hätte ein riesiger Fettsack sich auf sie gesetzt.

Der Hoden geriet in einen reißenden kleinen Bach und wurde in einen Fuchsbau gespült. Da hockte ein alter Fuchs und lachte: Na, so was! Hat man auch nicht alle Tage, dass einem ein Frühstücksei vors Maul gespült wird!

Der Hoden, ich glaube, er hieß Ramona (damals wurde noch nicht nach Mädchen- und Jungennamen unterschieden), war noch viel zu mitgenommen, um irgendwie zu reagieren. Er spürte, wie ihn der Fuchs mit seiner Schnauze in eine kühle Ecke schob, und schlief vor Erschöpfung ein.

Als er aufwachte, hörte er den Fuchs mit einer mächtigen Forelle reden. Es interessiert mich gar nicht, rief der Fuchs, ob du Familie hast. Die Flut hat dich in meine Höhle ge-

spült, und jetzt gehörst du mir. Ich kann dich sofort auffressen oder später, aber ich werde dich bestimmt nicht zum Fluss zurückbringen. Das ist nicht meine Art!
Weißt du denn überhaupt, wie ich schmecke?, fragte die Forelle, und in diesem Moment erinnerte sich Ramona an das Frühstücksei und wollte aus der Höhle schleichen.
Guck mal!, rief die Forelle. Da läuft ein Ei!
Der Fuchs drehte sich um, und die Forelle nutzte den Augenblick der Ablenkung, um abzuhauen. Das machte sie sehr raffiniert: Sie fing zu laichen an und rutschte dann rückwärts über den Laich ins Freie. Als Ramona den Fuchs auf sich zukommen sah, drehte er den Spieß einfach um und rief: Guck mal! Die geht ja über Laich!
So entstand die weltberühmte Redewendung.
Wieder drehte der Fuchs sich um, und dieses Mal musste er lachen. Das ist ja echt das Größte!, schrie er vor Begeisterung über die einfallsreiche Forelle. Mit ein paar Sprüngen war er bei ihr und verschlang sie unzerkaut, dann schleckte er den Laich noch weg und wollte wieder zu Ramona.
Der stand da und atmete ganz ruhig. Er hatte mit dem Leben abgeschlossen und hoffte darauf, auch unzerkaut verschluckt zu werden. So kam es dann auch, Gott sei Dank! Der Fuchs schlürfte Ramona ein wie eine Nudel, und im Magen traf er die Forelle. Sie lebte, und weil sie immer noch ein Raubfisch war, schnappte sie nach Ramona mit ihren kleinen spitzen Zähnen.
Es entwickelte sich im Dunkeln so etwas wie eine Verfolgungsjagd auf engstem Raum. Dem Fuchs wurde schlecht, doch rechtzeitig begann die Magensäure den Elan der hyperaktiven Nahrung zu stoppen. Der Fuchs rülpste, dann war endlich alles still.
Der Fuchs ging an die frische Luft. Da packte ihn das Faul-

tier Pedro und würgte ihn erbarmungslos, weil der Fuchs Pedros Faulheit einige Male ausgenutzt und ihn sexuell belästigt hatte.
Du sollst meine Teilnahmslosigkeit nicht noch einmal mit Einverständnis verwechseln!, brüllte das Faultier dem schon toten Fuchs ins Ohr. Dann biss er seinen buschigen Schwanz ab und klemmte ihn sich hinten unters Stirnband.
Da werden die Weiber Augen machen!, dachte das Faultier und schleppte sich von dieser Aussicht euphorisiert durch den aufgeweichten Wald.
So war das damals, und weil es Hoden oft so schlecht erging, beschlossen sie irgendwann, es paarweise zu versuchen und sich zusammen mit den Penissen, die vielerorts sinnlos herumhingen, den Männchen als Fortpflanzungsorgane anzudienen, nachdem die Weibchen abgewunken hatten: zu extrovertiert für untenrum!
Die Männchen nahmen das Angebot an, obwohl sie noch nie was von Fortpflanzung gehört hatten und sich darunter außer Grünzeug wegschaffen auch gar nichts vorstellen konnten, denn bis dahin hatte Gott die Weibchen alle selbst befruchtet und die Männchen als bewegungsfreudige Formvariante hingenommen.
Früher waren die Männchen neidisch auf die Frauen gewesen, jetzt hatten sie endlich auch was zwischen den Beinen!
Es dauerte natürlich noch viele Jahre, bis das neue Regenerationsmodell so weit entwickelt war, dass Gott sich zurückziehen und neue Ideen verwirklichen konnte, aber die Hoden hatten es geschafft: Sie waren wichtig geworden.

Der Dienstagsclub

Wir hatten ewig lang über den Einsatz von Bodentruppen im Kosovo gesprochen, und Arno hatte Ingrid eine gescheuert, weil sie dauernd Hodentruppen sagte.
Das Thema ist zu ernst!, schrie Arno. Da macht man keine Witze.
Das fanden alle, und ich glaube, Ingrid eigentlich auch, aber sie ist zwanghaft witzig und muss aus jeder sich bietenden Gelegenheit Kapital schlagen. Dabei hat sie ein hübsches Gesicht und einen schönen Busen, sie hätte so was gar nicht nötig. Es ging andauernd hin und her. Schon dachte man: Ja, Bodentruppen! Dann kam aus irgendeiner Ecke wieder ein Argument dagegen. Dann dachte man: Nee, doch nicht, bloß keine Bodentruppen. Nicht für die!
So ging das dauernd hin und her, und schließlich schlug Yvonne mit der Faust auf den Tisch und rief: Schluss jetzt! Auf uns hört ja sowieso keiner!
Alle nickten, denn Yvonne war schon mal als fette Sau und als süße Dicke bei Hans Meiser gewesen. Sie hatte viel Respekt gesammelt, weil sie kein bisschen aufgeregt oder nervös gewesen war, sondern richtig gut.
Ihren neuen Mann Ernst dagegen fanden die meisten, sagen wir mal, komisch, denn er ist das genaue Gegenteil

von Yvonne: So was von medienscheu! Der lässt sich ja nicht mal knipsen! Er hat mal ein Buch über Indianer gelesen. Die ließen sich ja auch nur ungern fotografieren, weil sie glaubten, der Fotograf wollte ihre Seele stehlen. Ernst hatte sich diese verquere Meinung von Primitiven zu Eigen gemacht, ich nehme an, aus Wichtigtuerei, und nervt uns damit auf allen Ausflügen. Am Drachenfels wär er dabei fast abgestürzt, als er panisch zur Seite sprang und über eine zierliche Japanerin fiel, die auf einem Mäuerchen saß und Sushi-Pralinen lutschte. Beide rutschten den Abhang hinab, und hätte sich der Schlüpfer der Asiatin, die zum Glück einen Lackmini trug, nicht in einer Krüppelkiefer verfangen, es hätte böse enden können.

Yvonne schlug also mit der Faust auf den Tisch und hatte Recht. Der Abend war schon fortgeschritten. Wir hörten auf, über den Bodenkrieg zu spekulieren, und hatten von dem ganzen Pro und Contra auch schon schwere Zungen, doch richtig lallen tat nur Karl. Er lallte was von Nordpol.

Was lallt er denn?, fragten wir Klara, seine Frau.

Sie wusste es erst auch nicht und musste sich richtig konzentrieren, aber dann konnte sie sich an eine Sendung über Grönland erinnern, die beide vor einigen Tagen angeschaut hatten.

Das meint er sehr wahrscheinlich, sagte Klara. Furchtbar, so ein karges Dasein! Wenn der Ernährer einer Familie bei einem Jagdunfall im alten Grönland starb, hat ein Verwandter die Familie getötet, weil niemand sie durchfüttern konnte.

Karl lallte wieder was.

Peary, sagte Klara, er meint Peary, diesen Mistkerl. Der hat den Nordpol entdeckt und die Eskimos gevögelt.

Normal!, fanden alle.
Alle Entdecker haben die Ureinwohner gevögelt, sagte Arno. Das war ja wohl das Mindeste.
Kolumbus nicht, sagte ich. Der war anders.
Glaubst du, weil er nur ein Ei hatte, war er sympathischer?, fragte Ingrid.
Ein Ei? Du verwechselst ihn mit Adolf!, sagte Arno.
Heißt es das Ei des Adolf oder das Ei des Kolumbus?, lachte Ingrid und zog ein Fläschchen Spalt-Flüssig aus ihrer Handtasche. Sie hatte Kopfschmerzen.
Das kommt von deiner krampfhaften Witzigkeit!, rief Ernst. Da musst du mal was machen.
Ingrid nahm ein gutes Schlückchen und spülte mit Genever nach. Ach Quatsch, das hab ich seit dem Schleudertrauma.
Nordpol, lallte Karl.
Ist ja gut, sagte Marga. Der ist ja schon entdeckt.
Der Südpol auch, sagte Ingrid.
Nur der Westpol, rief Andy, der ist noch immer nicht –
Der Ostpol auch nicht, unterbrach ihn Sven.
Nee, beide nicht entdeckt und nicht erobert, fasste Schorsch zusammen. Das muss man sich mal vorstellen: Wir leben im Jahr 2004, und zwei der wichtigsten Polen sind immer noch unentdeckt!
Pole, sagte ich. Es heißt Pole.
Wieso denn?, fragte Schorsch.
Die Mehrzahl von Pol heißt Pole, sagte ich, und die Mehrzahl von Pole Polen. Es heißt ja auch: der ruhende Pol. Und nicht: der ruhende Pole.
Aber der Papst ist Pole, sagte Schorsch, nur um zu widersprechen.
Du hörst mir gar nicht zu!, fuhr ich ihn an. So kommen wir nicht weiter. Wenn wir einen Pol entdecken wollen, müssen

wir uns wenigstens in groben Zügen einig sein. Polen ist ja schon entdeckt.
Westpolen und Ostpolen auch, sagte Schorsch.
Ich nickte. Das ist ja auch kein Widerspruch.
Schorsch stand auf und ging zur Wand, und er ging ganz nah ran.
Was machst du?, fragte Silke.
Ich schau mir mal die Tapete an, sagte Schorsch.
Spinnst du?, rief Ernst. Das ist doch eine ganz normale Raufasertapete. Die hängt schon ewig da.
Ingrid betastete die Wand. Was heißt das eigentlich: Raufaser?, fragte sie. Das kann doch alles sein! Diese komischen Körner – das könnte doch auch irgendeine Scheiße sein. Wo kommt das Zeug denn her?
Aus Erfurt, sagte Maik. Raufaser kommt aus Erfurt, schon immer.
Erfurt, sagte Jennifer, das lag doch in der DDR?
Alle nickten.
Das kann doch sein, dass die ihre Scheiße getrocknet haben und dann geschreddert und dann auf Papier gepappt!
Hör auf, bat Sven, das ist ja ekelhaft!
Aber die DDR war ein menschenverachtendes System, sagte Jennifer. Die haben Menschen bespitzelt und mit Röntgenstrahlen verseucht, sogar die eigenen. Denen trau ich alles zu!
Das geht zu weit, Jenny, sagte Maik. Du bist geschmacklos! Das war doch alles schlimm genug. Was hätten die denn davon gehabt, wenn ihre Scheiße hier bei uns an der Wand hängt?
Devisen, sagte Jenny.
Dann kratz doch mal was ab, rief Maik, dann siehst du, dass du Scheiße redest!

Jennifer zeigte ihm den Vogel. Die Ostkacke von der Wand kratzen? Du bist ja krank!
Maik sprang auf und ging zur Wand. Yvonne hielt ihn zurück. Sie schob ihn in den Sessel, und alle spürten, dass der Abend irgendwie durchs Ziel gegangen war. Wir holten unsere Mäntel und sagten: Also dann, bis nächste Woche!
Auf dem Heimweg ging ich wie üblich ein Stück mit Karl und Klara. Wir hatten ja die gleiche Richtung. Wir nahmen Karl in unsere Mitte, und Klara meinte, das schönste Wort mit Pol sei Pole-Position. Das fand ich auch, und das tat gut, denn wenn ich nach was süchtig bin, dann nach Harmonie.

Im Tal des Todes

Nachdem wir das Tal des Todes erreicht hatten, holte Patrick seine Butterbrote raus.
Willst du im Gehen essen?, wunderte sich Yasmin. Sollten wir nicht alle zusammen einen Rastplatz suchen und gemeinsam frühstücken?
Frühstücken ist gut!, rief Tobias. Es ist schon fast Mittag! Aber dein Vorschlag ist in Ordnung. Warum lassen wir uns nicht dahinten bei der alten Gefriertruhe nieder?
Das sieht ja aus wie eine Müllhalde, meinte Julia. Sie rannte vor. Nur Kühlschränke und Gefriertruhen!, rief sie dann. Eigentlich gar nicht so schlecht, hier können wir alle schön sitzen.
Sie setzten sich auf die Kühlschränke und stellten fest, dass die Wurst auf ihren Broten verdorben war. Zum Glück kam jetzt gerade Vespaman mit seinem Falafel-Anhänger aus der Teufelsschlucht. Alle sprangen auf und riefen: Hallo, Vespaman! Hierher! Vespaman bemerkte die hungrigen Wanderer und fuhr zu ihnen hin. Sie schlugen sich die Bäuche voll, und Vespaman freute sich über den schönen Umsatz.
Was wollt ihr denn im Tal des Todes?, fragte er besorgt.
Wir wollen den Stein des Leisen finden, sagte Julia, um durch ihn zufrieden zu werden.

Ich hab den Stein des Leisen schon oft gesehen, sagte Vespaman. Er liegt mal hier, mal dort.
Er wandert?, fragte Yasmin.
Ja, sagte Vespaman, der Stein des Leisen ist ein Wanderstein. Als der Leise noch lebte, lag der Stein in seinem Garten und war glücklich und zufrieden. Der Leise sang ihm jeden Abend europäische Volksweisen vor, bestreute ihn mit Salz und bat die Sterne, dieses Salz in Feelgood-Moleküle zu verwandeln. Das taten sie gerne. Aber als der Leise gestorben war, wurde der Stein unruhig und fing zu wandern an. So war das.
Dann ist der Stein des Leisen also selbst unzufrieden?, fragte Angelo.
Kann ich nicht beurteilen, antwortete Vespaman. Unruhig ist er, aber unzufrieden? Keine Ahnung! Ich muss jetzt weiter! Weg war er.
Ich hab vom Wandern genug, meinte Angela. Ich hab schon Blasen.
Weil fast alle nicht mehr wandern wollten, beschlossen sie, den Luftkissenhubschrauber aufzublasen. Aus der Luft können wir den Stein des Leisen sowieso viel eher entdecken, sagte Patrick. Sie hoben ab und genossen die wundervolle Aussicht.
Weiche Hügellandschaften wechselten sich mit gefährlichen Sümpfen ab, die von oben wie hübsche Mooskissen wirkten.
Der Stein!, rief Tobias. Da liegt er!
Angelo ließ den Luhu einen Kilometer sacken, da erkannten sie, dass es sich bei dem steinähnlichen Objekt um ein Gebäude handelte. Sie landeten direkt vorm Eingang. Es war eine technische Universität!
Eine technische Universität im Tal des Todes? Das gibt's

doch gar nicht!, staunte Julia. Wo sind denn die Studenten?
Sie stiegen aus.
Vielleicht ist es ein fleischfressendes Gebäude, warnte Yasmin. Ich finde, wir sollten vorsichtig sein. Es ist so still!
Du hast Recht, meinte Tobias. Es ist wirklich verdächtig still!
Vielleicht sind gerade Semesterferien, sagte Angelo.
Er öffnete die Eingangstür und schnupperte. Riecht ganz normal nach Uni! Er ging hinein und löste sich augenblicklich in Luft auf. Alle starrten entsetzt durch die große Glastür. Sie konnten gar nichts machen.
Zum Glück kam Vespaman zufällig vorbei. Er stoppte. Na, hat sich einer von euch in Luft aufgelöst?
Sie nickten, noch immer starr vor Schreck.
Im Tal des Todes muss man mit so was rechnen, sagte Vespaman und sah sich um. In der Nähe graste eine Herde prächtiger Watussi-Rinder.
Seht ihr die Watussi-Rinder?, fragte Vespaman.
Sie sahen nichts.
Lockert die Pupillen, sagte Vespaman.
Wie bitte?, fragte Yasmin. Wie geht das denn?
Völlig interesselos geradeaus gucken, erklärte Vespaman. Und dann den Blick ganz mut- und kraftlos zu Boden gleiten lassen. Seht ihr sie jetzt?
Ja, ich sehe sie!, rief Patrick.
Auch alle anderen, bis auf Julia, sahen die Rinder.
Ihr müsst eins der Rinder bitten, ins Gebäude zu gehen, und wenn es die Glastür passiert, müsst ihr die rote Tauschklingel rechts am Eingang drücken, erläuterte Vespaman.
Und dann spuckt die Uni Angelo aus?, fragte seine Schwester. Vespaman nickte.

Sie gingen zu den Rindern und fragten das erstbeste, ob es nicht Lust hätte, mal kurz in die TU zu gehen, um etwas zu studieren.
Ich hab kein Abitur, erwiderte das Rind. Und ich weiß auch nicht, was ich studieren sollte, und außerdem weiß ich, was mich dort erwartet. Ich nehme an, ihr wollt tauschen?
So ist es, sagte Vespaman. Das Rind dachte nach.
Dann ließ es sich über den Herdenfunk mit einer Elefantenherde verbinden. Hör mal Linda, sprach es die Leitkuh an. Habt ihr noch diesen depressiven Jungbullen bei euch, der nicht mehr leben will? Die Leitkuh bejahte. Bringt ihn her, sagte das Rind, ich kann was für ihn tun. Es dauerte zwei Tage, bis die Elefanten aufkreuzten. Sie bugsierten den Jungbullen in die TU, drückten die Tauschklingel und hatten Angelo wieder. Das war eine Freude!
Sogar die Elefanten trompeteten, und die Rinder juchzten. Wir bedankten uns ganz herzlich bei allen Beteiligten und zogen endlich weiter. Vespaman riet uns noch: Wenn ihr nackte Enten seht, rührt sie nicht an!
Geht in Ordnung, Mann!, rief Patrick.
Am nächsten Morgen entdeckten sie im Dschungel einen Zebrastreifen. Seltsam, dachten alle. Wieso ist der nicht überwuchert?
Sie kletterten auf umstehende Bäume und behielten den Dschungel aufmerksam im Auge.
Sie waren so hungrig, dass sie anfingen, die Blätter der Bäume zu essen, obwohl niemand sie kannte. Dann tauchten plötzlich nackte Enten auf. Sie wedelten mit ihren Hinterteilen über den Zebrastreifen.
Angela rief: Ihr lieben Entchen! Warum haltet ihr diesen Zebrastreifen sauber?

Das ist unser Fitness-Studio!, schnatterte eine Ente.
Das erregt uns sexuell, rief eine andere.
Wie kann es eine nackte Ente denn sonst im Dschungel aushalten?, fragte die dritte.
Dann warfen sie sich auf den Rücken und stellten sich tot.
Wir werden sie knusprig braten, flüsterte Tobias.
Denkt an Vespamans Worte, ermahnte sie Yasmin.
Ach, rief Julia, er wird uns schon wieder raushauen, wenn's brenzlig wird.
Sie stiegen von den Bäumen und packten die Enten bei Hälsen und Füßen. Die Tiere zischten wie Raketen los, und im Nu befanden sich die Freunde in tausend Metern Höhe. Es war kalt. Auch die Enten hatten Gänsehaut. Es ging einige Male blitzschnell rauf und runter. Die Menschen wurden bewusstlos und stürzten in die Tiefe. Unten wartete schon Vespaman.
Er warf die toten Körper auf seinen Anhänger und gab den Enten klitzekleine Pilze zur Belohnung. Sie verschwanden schnell im Dickicht.
Als Vespaman seine Firma erreichte, wartete der Abteilungsleiter Frischfleisch schon auf ihn. Er schüttelte den Kopf. Warum knallen wir sie nicht gleich am Eingang ab, Chef? Wozu der ganze Aufwand?
Harvey, sagte Vespaman, das Tal des Todes ist ein Erlebnispark, kein Schlachthaus, verstanden?
Ja, Chef, sagte Harvey und lächelte resigniert. Er war die Zuverlässigkeit in Person, doch er hatte nun mal einfach keinen Sinn für Poesie.

Die Sensation

Herr, wir danken dir für diesen abwechslungsreichen Sommer!, sprach der Pfarrer, und einige Gemeindemitglieder dachten: Ja, er hat Recht. Es war wirklich ein abwechslungsreicher Sommer, nicht nur klimatisch. Viele Leute dachten aber einfach irgendetwas, um der konzentrierten Stimmung zu entgehen. Sie fummelten an ihren Ärmelrändern rum und sahen zufrieden aus.

Der Pfarrer nahm den Faden wieder auf und rief: Selig sind die, die an ihren Ärmelrändern rumfummeln, sie kriegen Feeling für den Stoff.

Eine Frau war mit ihren Gedanken bei ihren drei Kindern gewesen, die alle im Ausland lebten. Sie fragte ihren Mann: Enzo, welchen Stoff meint er?

Ihr Mann, der mit seinen Gedanken bei seinen geliebten Fuchsien gewesen war, sagte: Den Stoff des Lebens, glaub ich.

Die Frau gab sich mit der schlichten Antwort zufrieden und zwinkerte dem Pfarrer superfreundlich zu. Der wurde dadurch so euphorisiert, dass er auf den Altar sprang und die christliche Revolution ausrief.

Wie soll die denn konkret aussehen?, fragte eine schlecht gelaunte Frau vom TÜV.

Genauso!, rief der Pfarrer und kämpfte mit einem imagi-

nären Degen gegen den humorlosen Charakter der Frau, als wär's der Satan selbst.
Zielen Sie bloß nicht auf meine Brustwarzen!, rief die Frau, sonst rotz ich Ihnen in die Fresse!
Dann ziel ich eben auf die Füße, rief der Pfarrer lachend und wirbelte die Linke durch die Luft.
Hochwürden!, rief ein Fremder. Seit wann sind Sie Linkshänder?
Schon immer, gab der Priester etwas außer Atem zurück. Man hat mich in der Schule gezwungen, rechts zu schreiben, aber sonst mache ich alles mit links.
Der Fremde nickte.
Und Sie?, fragte der Pfarrer.
Beidhändig, sagte der Fremde.
Der Pfarrer und die ganze Gemeinde nickten anerkennend. Sie nickten immer heftiger und brummelten immer lauter. Schließlich jubelte die ganze Kirche.
Herr, wir danken Dir für diesen beidhändigen Fremden, frohlockte der Pfarrer.
Der Fremde wollte etwas sagen.
Der Pfarrer rief: Ja, bitte! Sprechen Sie!
Ich wollte nur sagen, fing der Fremde an, dass ich in meinem ganzen Leben noch nichts Rechtes auf die Beine gestellt habe. Ich bin arbeitslos. Ich habe keine Familie und nur einen einzigen richtigen Freund. Den hab ich draußen angebunden.
Der Pfarrer antwortete: Ja, gut. Das mag ja sein. Aber wir hatten noch nie einen beidhändigen Fremden in unserer Mitte, verstehen Sie?
Der Fremde sagte: Ansatzweise.
Und der Pfarrer fuhr, immer noch strahlend, mit dem Gottesdienst fort.

Ein schöner Fisch

Ein schöner Fisch treibt auf seinem rosa Floß den Fluss hinunter. Er sieht die Städte und die Dörfer am Ufer und denkt: Gut, dass ich kein Mensch bin. Als Mensch muss man zur Schule gehen und einen Beruf erlernen und Geld verdienen. Das ist nichts für mich. Und dann die Vorstellung, einen Busen oder einen Hodensack zu haben!

Er drehte sich auf die andere Seite und sah zum Himmel hoch. Ein Flugzeug, ein lachendes Flugzeug! Es flog so tief, dass der Fisch mit ihm sprechen konnte.

Warum lachst du?, fragte er.

Weil mir das Fliegen so große Freude macht, sagte das Flugzeug.

Glaub ich nicht, erwiderte der Fisch. Ich denke, du hast einen Schaden!

Von mir aus kannst du denken, was du willst, rief das Flugzeug.

Wie heißt du?, fragte der Fisch.

Hans, sagte das Flugzeug. Ich bin Hans, das lachende Flugzeug, und es wundert mich sehr, dass du mich nicht kennst, denn ich bin weltberühmt.

Ich kenne keine Flugzeuge!, rief der Fisch.

Was tust du da?, fragte Hans.

Ich sonne mich, sagte der Fisch. Was soll man an so einem herrlichen Tag denn sonst schon machen?
Hans nickte. Du hast so was von Recht! Wenn ich frei hätte, würde ich mich auch sonnen. Also, mach's gut!
Du auch!, rief der Fisch. Er dachte: So ein nettes Flugzeug! Hoffentlich stürzt es nie ab.
Am Ufer standen Kühe.
Heh, schaut mal!, rief die Chefkuh. Da treibt ein Fisch!
Der Fisch grüßte sie mit einer lässigen Schwanzbewegung.
Wo hast du denn das tolle rosa Floß her?, wollten die Kühe wissen.
Woolworth!, rief der Fisch. Ist eigentlich ein Beauty-Case.
Ein Beauty-Case!, staunten die Kühe. Was es so alles gibt! Sie muhten wild durcheinander voller Bewunderung.
Wir werden wohl nie auf einem Beauty-Case den Fluss hinunterfahren, seufzte die Kuh Yasmin.
Schäm dich!, fuhr die Chefkuh sie an: Noch so jung und schon so pessimistisch!
Yasmin bekam einen roten Kopf, und die anderen Kühe lachten sie aus.
Du bist die erste Kuh, die aus Scham einen roten Kopf bekommen hat, sagte die Chefkuh. Ich werde es dem Bauern melden. Vielleicht kann er dich an einen Zoo verkaufen oder an einen Zirkus.
Bitte nicht melden!, bat Yasmin. Ich will nicht fort von hier. Ich möchte eine ganz normale Kuh werden und mit euch in Frieden leben.
Du bist aber keine normale Kuh!, blökten alle.
Da war der Fisch schon ganz weit weg. Er schwitzte. Die Sonne brannte unerbittlich auf das rosa Floß hinunter. Ich werde irgendwo im Schatten anhalten müssen, dachte der

Fisch. Er hielt Ausschau. Eine Trauerweide! Er lenkte das Floß in ihren Schatten und warf den Anker.
Warum schmeißt du Müll in den Fluss?, fragte die alte Trauerweide.
Das ist mein Anker, sagte der Fisch.
Sieht aber aus wie ein verrosteter CD-Player, meinte die Trauerweide.
Der Fisch zeigte ihr das Kabel, mit dem der CD-Player an seinem Floß befestigt war. Jetzt ist er jedenfalls mein Anker. Darf ich mich in deinem Schatten etwas erholen?
Bitte, sagte die Trauerweide. Was war denn so anstrengend?
Die Sonne, sagte der Fisch. Sie brennt zu stark.
Warum schwimmst du nicht im kühlen Wasser wie alle anderen Fische auch?, fragte der Baum.
Ich kann nicht schwimmen, antwortete der Fisch.
Die Trauerweide lachte. Ein Fisch, der nicht schwimmen kann? Glaub bloß nicht, ich wär blöd, nur weil ich aus Holz bin. Sag schon, warum schwimmst du nicht?
Ich hab's da unten nicht mehr ausgehalten, gestand der Fisch. Dieses ewige Schweigen!
Versteh ich, meinte der Baum. Aber was hast du vor? Wo willst du hin?
Nach überall und nirgends, sagte der Fisch. Ich lass mich einfach treiben. Und wenn ich genug davon habe, werde ich ins Wasser zurückkehren und einen kleinen Chor gründen.
Tolle Idee!, sagte die Trauerweide.
Super Idee!, gähnte der Fisch. Er schloss die Augen und schlief ein.
Zwei Katzen hatten das Gespräch belauscht. Ihnen war das Wasser schon in den Mäulern zusammengelaufen. Sie überlegten, wie sie an den Fisch herankommen könnten, ohne nass zu werden.

Wir müssen eine Brücke bauen, fand die eine namens Mausi. Ein Brett würde schon reichen. Sie verschwanden und kamen bald mit einem Brett wieder. Sie legten es mit dem anderen Ende auf das rosa Floß. Als die Trauerweide merkte, was die Katzen vorhatten, kitzelte sie den Fisch ganz schnell. Er wachte auf – zu spät!
Mausi hatte ihn bereits gepackt und an Land abgelegt. Gerade wollten die Katzen per Ching Chang Chong ausknobeln, wer den Kopf kriegt, da sprang der Fisch ins Wasser. Er rief: Hilfe, Hilfe! Ich kann nicht schwimmen!
Die Trauerweide warf ihm einige Zweige zu. Er schnappte sie. Sie legte ihn aufs Floß. Er trat das Brett der Katzen weg und holte rasch den Anker ein. Dann trieb er weiter. Die Trauerweide winkte.
Er rief: Danke! Du hast mir das Leben gerettet! Die Katzen standen am Ufer und kotzten in den Fluss. Sie hatten sich dermaßen auf den Fisch gefreut, dass ihre Mägen nach der Pleite rebellierten.
Warum hilfst du einem langweiligen Fisch?, fragten sie die Trauerweide. Bist du abartig? Alle Bäume stehen da und machen nichts, was Katzen schadet. Nur du musst aus der Reihe tanzen!
Ich habe nichts gegen euch persönlich, entgegnete die Trauerweide. Ihr könnt mich gern als Katzenbaum benutzen oder auf meinen Ästen übernachten. Aber dieser Fisch ist mein Freund.
Die Katzen schüttelten verständnislos die Köpfe. Den wirst du nie mehr wiedersehen!
Und wenn schon, erwiderte der Baum. Ihr fantasielosen Viecher habt ihn jedenfalls nicht gekriegt. Und jetzt lasst mich in Ruhe. Der Wind will mit mir spielen.

Ballett

Wir hatten uns das Banal-Ballett »Der Tanz der Müllsäcke« angesehen. Jetzt saßen wir im Brückenstüberl und waren noch immer ganz beeindruckt.

Wie leicht die leeren Müllsäcke wirkten, rief Manuela.

Ja, rief Gonzo. Und wie schwer die vollen! Und zu denken, dass das Menschen waren und nicht mal fette!

Also ich hätte für die vollen Müllsäcke schon richtig fette Tänzer genommen, warf Tom ein. So richtige Fettsäcke! Dann wäre das alles noch viel echter rübergekommen.

Aber es wäre keine Kunst mehr, gab Kolja zu bedenken. Wenn Fettsäcke volle Müllsäcke spielen, was soll denn daran Kunst sein?

Moment mal!, rief Tom. Es gibt zwischen dicken Menschen und vollen Müllsäcken wohl noch einen Unterschied, erst recht in der Bewegung!

Natürlich, räumte Kolja ein. Natürlich sind fette Menschen keine Müllsäcke. Aber es macht doch mehr Eindruck, wenn schlanke, durchtrainierte Körper den Eindruck vermitteln, dass da auf der Bühne zentnerschwere Müllsäcke herumliegen.

Stimmt, meinte Manuela. Das imponiert. Und fette Tänzer gibt es ja wahrscheinlich gar nicht, oder? Wo sollten die denn fette Tänzer herbekommen?

Ich kenne einige Dicke, die sich gern bewegen, meinte Gonzo. Meine Mutter zum Beispiel. Als sie mir Foxtrott und Walzer beibrachte, habe ich mich gewundert, wie leicht sie war. Sie schwebte fast! Man hätte sicher dicke Amateurtänzer nehmen können, das wäre auch gegangen.
Was?, rief Kolja. Glaubt ihr wirklich, man könnte irgendwelche Leute von der Straße nehmen, sie auf die Bühne stellen und sagen: So, jetzt tanzt mal einen vollen Müllsack! So funktioniert das nicht.
Wir bestellten die nächste Runde, und Manuela kritisierte den Verlauf der Handlung. Ihr hatte nicht gefallen, dass die leeren Müllsäcke die vollen abgeschlachtet hatten. Warum muss so was denn in einer Gewaltorgie enden?
Das ist eben die politische Dimension des Stückes, sagte Gonzo. Sollen sich denn zum Schluss alle Müllsäcke zusammenkuscheln?
Von mir aus, sagte Manuela. Sie klang beleidigt. Ich mag Happy Ends.
Tom und Kolja lachten.
Wie kannst du dich mit Müllsäcken dermaßen identifizieren?, fragte Tom.
Das spricht ja wohl für das Stück, meinte Gonzo. Es geht unter die Haut.
Mir nicht, sagte Tom. Ich kann sehr gut zwischen Menschen und Müllsäcken unterscheiden, und dieses Stück sagt mit jeder Muskelfaser: Das sind Müllsäcke und sonst nichts! Immer wollt ihr Menschen auf der Bühne sehen, wie doof! Wir sehen doch die ganze Zeit Menschen, und was für welche! Ich finde es sehr entspannend, wenn es in der Kunst mal nicht um Menschen geht.
Jetzt hör aber auf!, erwiderte Kolja. Das glaubst du doch selbst nicht! Es geht in der Kunst letzten Endes immer um

uns Menschen. Wer will denn etwas über Müllsäcke erfahren? Glaubst du wirklich, die ganzen Subventionen für den Kulturbereich würden aufgebracht, wenn wir etwas über Müllsäcke erfahren wollten?

Ich erfahre jedenfalls im wirklichen Leben über Menschen genug, verteidigte sich Tom.

Ich auch, sagte Gonzo, und Manuela rief: Also für mich ist die Kunst das wirkliche Leben.

Die nächste Runde kam. Ich hätte noch einen Trecker auf die Bühne gestellt, sagte Tom. Einfach um anzudeuten, dass es auch noch ganz andere Welten gibt.

Einen Trecker?, wunderte sich Kolja. Dann hätte ich schon eher einen Dom hingestellt, das wäre als Kontrast viel wirkungsvoller.

Kontraste!, rief Tom. Ich scheiße auf Kontraste! Warum kann man nicht einmal Auswege zeigen?

Auswege?, fragte Kolja.

Ja, fragte Gonzo, wieso denn jetzt Auswege?

Tom schaute in sein Bier. Na, ich hab irgendwann gedacht, jetzt müsste mal ein Trecker durch die Landschaft knattern.

Idiotisch, sagte Kolja. Völlig idiotisch.

Eine Landschaft mit Idioten ist besser als eine mit Toten, sagte Manuela, und alle sahen sie an. Na, mir hätte es besser gefallen, wenn zum Schluss alle Müllsäcke auf einen Trecker gesprungen und mit ihm im Abendrot verschwunden wären.

Dann hätte man doch besser gleich einen Müllwagen genommen, meinte Gonzo. Das wäre stimmiger gewesen.

Warum nicht gleich einen Panzer?, fragte Kolja. Ihr habt sie ja nicht alle! Das ist doch widersinnig! Wofür trainieren denn die Tänzer und die Tänzerinnen? Sie wollen leicht er-

scheinen, leichter als der Alltag. Und ihr wollt einen Trecker auf die Bühne stellen!
Und du einen Dom!, rief Gonzo. Kolja schwieg.
Ihr bringt einen ganz durcheinander mit eurem unfundierten Gequatsche, meinte er dann. Ihr habt von Ballett keine Ahnung und redet schlau daher.
Bei Banal-Ballett darf jeder mitquatschen, entgegnete Tom. Sonst wär's ja kein Banal-Ballett! Das hast du jetzt wohl ganz vergessen, Kolja.
Hab ich, sagte Kolja. Hab ich ganz vergessen.

Wir drei & Bauer Peters

Wir hatten Bauer Peters besucht, um ihm eine Frage zu stellen, die uns in letzter Zeit beschäftigt hatte: Warum haben Kühe vier Zitzen?

Wir fanden das von der Natur nämlich äußerst luxuriös eingerichtet, verglichen mit anderen Tieren und erst recht mit uns Menschen. Und Kühe kriegen ja eher selten Zwillinge und trotz Hormongaben keine Drillinge.

Weil's praktisch ist, sagte Bauer Peters. So geht das Melken schneller.

Typisch Bauer, sagte Karsten nachher. Die denken nur an sich und ihren Vorteil.

Wir waren alle sehr enttäuscht von Bauer Peters, sagten aber nur: Ach, so, weil wir noch auf der herrlichen Apfelbaumwiese herumtollen wollten.

Er fragte dann auch prompt: Na, ihr wollt doch sicher noch auf der Apfelbaumwiese tollen?

Wir riefen: Ja, Bauer Peters! Du hast die tollste Apfelbaumwiese der Welt!

Der Bauer nickte. Aber leider liegen in diesem Jahr so viele faule Äpfel im Gras, dass ihr aufpassen müsst. Sonst rutscht ihr aus und holt euch einen Oberschenkelhalsbruch!

Ach!, rief Linda. Für so was sind wir viel zu jung! Aber wir passen trotzdem auf.

Vielleicht könnt ihr die Äpfel ja zu einer schönen Pyramide aufschichten, schlug Bauer Peters vor.
Eine Pyramide aus faulen Äpfeln?, staunten wir. Das ist eine fantastische Idee!
Und ob, rief Bauer Peters.
Ich hab's!, rief Günther. Du wirst eine Fotostrecke schießen, wenn die Vögel kommen und sich auf die Pyramide setzen, um die Äpfel aufzuessen.
Erraten!, rief der Bauer. Ich hätt's ja längst schon selbst gemacht, aber der Rücken!
Bauer Peters!, riefen wir. Das machen wir so gern für dich, das kannst du dir gar nicht vorstellen!
Wir gingen in die Wiese und legten die Scheißäpfel mit bloßen Händen zu einer Pyramide zusammen, fast zwei Meter hoch! Es dauerte über drei Stunden. Wir waren fix und fertig, und es sah toll aus, aber zum Tollen hatten wir keinen Funken Energie mehr übrig.
Linda sagte: Bauer Peters, wir sind total kaputt! Wir schaffen es nicht mehr zu Fuß, und für den Bus ist es zu spät. Kannst du uns mit deinem intergalaktischen Trecker nach Hause fahren?
Der ist auch kaputt, sagte Bauer Peters. Gut, dass ihr mich an ihn erinnert! Der steht schon seit zwei Wochen auf dem Feld und rostet vor sich hin.
Der intergalaktische Trecker steht seit zwei Wochen auf dem Feld und rostet vor sich hin?, fragten wir ungläubig.
Bauer Peters nickte: Den kann ich ja allein nicht schieben, und die von der Werkstatt haben bis zum Winter keine Zeit.
Und deine Kinder?, fragten wir.
Ich habe keine Kinder, flüsterte der Bauer. Ich hab ja nicht mal eine Frau!

Oha! Wir hatten gar nicht gewusst, dass Bauer Peters ganz alleine auf der Welt war.
Bauer Peters!, rief Linda. Warum hast du nicht angedeutet, dass du ganz alleine auf der Welt bist, dann hätten wir dich öfter besucht.
Ich bin ganz gerne alleine auf der Welt, bekannte Bauer Peters. Da macht euch mal keinen Kopf! Aber bei dem Treckerschieben, da könntet ihr mir schon helfen.
Also gingen wir auch noch mit Bauer Peters aufs Feld hinaus und schoben den intergalaktischen Trecker zurück zum Hof. Dann fielen wir ins Heu und schliefen ohne Abendbrot ein. Am nächsten Morgen schlug uns Bauer Peters zum Frühstück so viele Eier in die Pfanne, dass wir den ganzen Tag nichts mehr zu essen brauchten.
Auf dem Heimweg machten wir uns noch einmal Gedanken über die vielen Zitzen, und Linda vermutete, dass es wahrscheinlich irgendwie mit der Ästhetik zusammenhängt. Säh doch Scheiße aus, wenn so ein Rieseneuter nur eine einzige Zitze hätte. Wir blieben stehen und stellten es uns alle mit geschlossenen Augen vor.
Richtig!, rief Karsten, und auch ich stimmte zu. Für uns war das der Beweis dafür, dass die Natur auch schön sein will, wenn's gar nicht nötig ist. Dann sprachen wir noch über Bauer Peters. Wir fanden ihn nett, aber anstrengend, und ich meinte: Einsame sind anstrengend, sonst wären sie ja nicht einsam.
Er ist nicht einsam, sagte Linda. Er ist zufrieden so allein, er leidet nicht. Du hast so einen Hang zum Schlimmfinden!
Ich ließ mir diesen Vorwurf über einen Kilometer durch den Kopf gehen, während wir uns gegenseitig auf schöne Details der Landschaft aufmerksam machten.

Ich sagte schließlich: Linda, du hast Recht.
Und sie sagte: Ja, aber es liegt auch an der Welt.
Linda ist toll!

Wie ich Bundeskanzler wurde

Ich war darauf ja gar nicht vorbereitet! Mit meiner Frau bin ich am Wahlsonntag zum Wahllokal spaziert. Es war ein herrlicher Oktobertag, sie fragte: Weißt du noch, was du wählen wolltest? Ich sagte ja. Dann waren wir auch schon da. Wir erledigten die Sache, und als ich hinter der Stellwand hervortrat, brandete Beifall auf.

Die Wahlhelfer waren von ihren Sitzen aufgestanden und applaudierten überschwänglich. Erst dachte ich, die klatschen, weil ich die richtige Partei gewählt habe, doch als alle auf mich zukamen, um mir persönlich zu gratulieren und die meisten mich auch schon mit Herr Bundeskanzler ansprachen, begriff ich den sensationellen Wahlausgang. Ich sagte gleich: Das kann ich nicht! Da lachten alle nur und klatschten heftiger. Ich wurde auf ein paar Schultern gehoben, meine Frau ebenfalls, und so trugen sie uns durch den goldenen Herbsttag hinüber ins Kanzleramt, wo der alte Kanzler, ich glaube, es war Gerhard Schröder, mich schon erwartete.

Er übergab mir die Schlüssel und wünschte uns viel Glück. Ich sprach ihn auf die großen finanziellen Probleme unseres Landes an, aber er zeigte nur ganz kurz und total lässig, es wirkte fast schon einstudiert, auf meine Frau: Die macht das schon!

Derweil sagte seine Frau zu meiner, sie hätte noch ein paar mollige Kniestrümpfe dagelassen, der Wind würde im Winter doch manchmal recht erbarmungslos durch die Hauptstadt pfeifen, und zum Regieren bräuchte man warme Waden. Wir bedankten uns ganz herzlich, da waren sie auch schon weg!
Gegen Mitternacht hatte sich die Medienmeute weitgehend verzogen, und nach einem letzten Gläschen Champagner legte ich mich zu meiner Frau ins Bett. Zum Glück schlief sie noch nicht. Ich fragte, ob sie das mit den Finanzen regeln würde, dann könnte ich mich auf all die anderen Probleme konzentrieren.
Probleme, Probleme, Probleme!, knurrte meine Frau. Das ist doch ein völlig falscher Politikansatz! Warum freust du dich nicht einfach mal über den sensationellen Ausgang der Wahl und über die Möglichkeiten, die sich uns dadurch auftun! Hast du nicht immer davon geträumt, einmal an die Macht zu kommen? Und weißt du noch, wie oft du die langwierigen Prozesse der Demokratie verflucht hast? Jetzt geht mal was herzerfrischend spontan über die Bühne, und du sagst nur: Probleme.
Musste ich mir als Bundeskanzler solche Vorhaltungen gefallen lassen? Definitiv: Nein!
Ich wollte jedoch nicht schon gleich zu Beginn meiner Amtszeit eine schwere interne Krise heraufbeschwören und schob die harsche Kritik meiner Frau auf ihre Nervosität. Sie hatte schließlich noch nie mit einem Bundeskanzler die Nacht verbracht.
Später haben wir uns an die Regel gehalten, im Bett nicht über Politik zu reden. Doch damals in der ersten Nacht waren wir beide noch viel zu aufgewühlt, um irgendwelche Regeln zu beachten. Wir waren sowieso dermaßen neu in

dem Geschäft, dass viele politische Gegner, aber auch die meisten neutralen oder ausländischen Beobachter ein Fiasko prophezeiten, und ihre Sorge war sicherlich nicht unbegründet.

Wir legten jedoch sofort einen solchen Enthusiasmus, eine solche Leidenschaft an den Tag, dass vielen ihr distanziertes Bekritteln schlichtweg peinlich wurde. Sie dachten um und gaben einfach auch ihr Bestes oder versuchten es wenigstens. Ich bin mit Hilfe meiner Frau an der Aufgabe gewachsen, und ich kann andere nur ermutigen: Falls es Sie auch mal trifft, nur zu, so eine Chance kriegt man selten zweimal!

Die Sportschau

Die russlanddeutsche Tennishoffnung Hanna Burschikova hatte sich bei einem wuchtigen Rückhandslice eine Zerrung in der Schulter zugezogen. Sie spürte sofort, dass es nicht mehr weiterging, und signalisierte ihrem Trainer, dass sie ausgewechselt werden wollte. Die Zuschauer lachten. Hanna warf ihren Schläger kraftlos und enttäuscht ins Netz und streckte dem Publikum und dem Schiedsrichter die Zunge heraus. Dann brach sie in Tränen aus.
Es war die nervliche Belastung, während der letzten Wochen, erklärte ihr Trainer der interessierten Öffentlichkeit, nachdem er seinen Schützling ins Hotel gebracht hatte. Zuerst starb ihr Hund Höllmut, und dann trennte sich auch noch ihr Freund von ihr, und wissen Sie warum? Die Journalisten schüttelten die Köpfe. Er sagte, sie sei zu groß für ihn.
Nun ja, meinte ein Reporter, zwei Meter drei ist für eine Frau ja schon eine problematische Größe. Ich kann den Freund verstehen. Wie groß ist er denn?
Er ist auch zwei Meter drei, antwortete der Trainer.
Und warum hat niemand von ihm gewusst?, fragte ein anderer. Warum wurde diese Beziehung geheim gehalten?
Na, hören Sie mal!, erregte sich der Coach. So ein großes Paar! Das fällt doch zu sehr auf! Da wird der Sport zur Nebensache.

Aber in der Werbung hätten die beiden zusammen sicher eine Menge Geld verdienen können, rief ein weiterer Journalist.
Wir möchten erst Wimbledon gewinnen, sagte der Trainer. Und danach machen wir dann richtig Schotter.
Wie romantisch!, jubelten die Journalisten. Das ist ja echter Sportsgeist!
Der Trainer fuhr ins Hotel, aber Hanna war nicht da. Niemand hatte eine Idee, wo sie sein könnte.
Warum ist niemand bei ihr geblieben?, schnauzte er die Masseuse an.
Sie wollte alleine sein, erwiderte die Masseuse.
Alleine sein ... überlegte der Trainer. Wo kann man gut alleine sein? Am Wasser! Er fuhr zum Hafen und tatsächlich! Da saß Hanna auf einem blanken Poller und blickte in die Ferne. Der Trainer setzte sich wortlos neben sie und blickte auch in die Ferne.
Trainer, sagte Hanna, ich will Matrosin werden.
Du hast eine große Karriere vor dir, entgegnete ihr Trainer. Matrosin kannst du immer noch werden.
Ich will nicht immer Gegner haben, sagte Hanna. Und Zuschauer und Schiedsrichter.
Wenn du zur See fährst, ist das Meer dein Gegner, sagte ihr Trainer. Gegner hat man immer. Wenn du Wimbledon gewinnst, wirst du dir irgendwann ein eigenes Schiff kaufen können, mit Besatzung und allem drum und dran.
Ich möchte in der endlosen Weite der Meere schuften wie ein Tier, sagte Hanna. Ich will mich an der Einsamkeit berauschen und mich dem Wasser anvertrauen!
Au weia!, dachte der Trainer. Die hat ja einen Sprung in der Schüssel.
So einsam ist man als Matrose auch nicht, wandte er ein.

Da sind ja noch die anderen aus aller Herren Länder. Und denk auch mal an deine Größe! Diese Mannschaftskajüten sind bestimmt nicht für Leute wie dich gebaut.
Hanna dachte eine Weile nach. Wenn ich schon nicht Matrosin werden kann, sagte sie irgendwann, möchte ich mir wenigstens einen schönen Satz in Spiegelschrift auf die Brust tätowieren lassen.
Wie wär's mit ›Love is all around me‹?, fragte der Trainer.
Schön, sagte Hanna. Aber ich habe mich schon für ›I can hear Music‹ entschieden.
Auch schön, sagte der Trainer. Sie standen auf und schlenderten zum Auto.
Trainer, fragte Hanna, als sie vor einer Ampel standen, tust du das alles nur wegen des Geldes?
Nein, sprach der Trainer. Nicht nur. Ich finde es auch wichtig, jungen Leuten eine sorgenfreie Zukunft zu ermöglichen. Ich finde es auch wichtig, ihre Talente zu fördern, und es ist mein Herzenswunsch, sportliche Höhepunkte zu kreieren, unvergessliche Szenen, von denen noch Jahre später gesprochen wird.
Ich wusste ja gar nicht, sagte Hanna, dass Sie so viel in der Birne haben.
Ja, ja!, lachte der Trainer. Du bist ja auch noch jung!

Die Vagabunden

Zwei junge Pferde hatten sich total verlaufen. Sie fragten einen beleibten Passanten nach dem Namen der Stadt. Er dachte: Was ist das denn? Sprechende Pferde? Seid ihr Stuten oder Hengste?, fragte er, um Zeit zu gewinnen.

Stuten, sagte das eine Pferd. Es war braun und hatte unglaublich lange Beine.

Der beleibte Passant wollte noch mehr Zeit gewinnen und sagte: Du hast aber wahnsinnig lange Beine, das ist schon unnormal!

Meine Mutter war Giraffe, erklärte das langbeinige Pferd.

Dafür ist dein Hals ganz schön kurz, sagte der Passant, und das Pferd entgegnete: Ich bin ja auch keine Gitarre.

Wie heißt die Stadt denn nun?, fragte das andere Pferd. Es war kohlrabenschwarz, und seine Mähne reichte fast bis zum Boden.

Dein Vater war wohl Rockmusiker, was?, fragte der Mann.

Nein, sagte das Pferd. Mein Vater war ein Mädchen mit langen schwarzen Haaren.

Der Mann war von der Schlagfertigkeit des Pferdes überrascht und sagte nur: Ach so!

Der Name, bitte!, sagten die Pferde.

Diese Stadt hat keinen Namen, sagte der dicke Mann. Es gibt hier weit und breit keine andere Stadt, nur Dörfer, deshalb braucht sie keinen Namen. Warum kommt ihr nicht mit mir nach Hause, da können wir einen Kaffee trinken, und ihr erzählt mir, wo ihr herkommt und was ihr so macht.
Die Pferde sagten o.k., aber sie wollten lieber ein Bier trinken.
Braucht ihr Eimer?, fragte der Mann.
Nein, danke, sagten die Pferde, wir trinken aus der Flasche. Und glaub bloß nicht, du könntest uns in deine Garage stellen und bei eBay versteigern!
Genau das hatte der Mann vorgehabt. Er sagte: Prost!
Sie stießen an. Da kam die Frau des Dicken rein und sagte: Oh! Was ist denn hier los? Pferdeparty?
Nein, nein, sagte der Mann. Ich hab die beiden an der Kreuzung aufgegabelt. Sie können sprechen. Ich wollte sie in die Garage stellen und verscheuern, aber sie haben mich durchschaut.
Wir trinken nur ein Bier, sagte das braune Pferd. Dann sind wir wieder weg.
Haben Sie beruflich in unserer Stadt zu tun?, fragte die Frau.
Wieso beruflich?, fragte das schwarze Pferd. Wir sind nur Pferde. Wir haben keinen Beruf.
Vagabundierende Pferde?, wunderte sich die Frau. Das gibt's doch gar nicht!
Siehst du doch, sagte der Mann.
Die Pferde hatten ausgetrunken. Wir wollten eigentlich nach Hamburg, sagte das schwarze Pferd. Mal den Hafen anschauen.
Hier ist Kiel, sagte der Mann.

Warum hast du das nicht gleich gesagt?, fragten die Pferde.
Ich habe noch nie einem Pferd gesagt, in welcher Stadt es sich befindet, erklärte der Mann.
Du wolltest uns von Anfang an für dumm verkaufen, sagte das braune Pferd, obwohl wir die größeren Köpfe haben.
Geht bitte, sagte der Mann.
Ja, geht endlich!, rief die Frau. Sonst holen wir die Polizei!
Da ließen die Pferde ein paar Äpfel fallen und trabten los.
Die Frau tobte: Wie kannst du nur Pferde ins Haus holen? Hast du wirklich geglaubt, mit ihnen ein Geschäft zu machen?
Ja, was denn sonst?, brüllte der Dicke. Glaubst du, ich hol mir Pferde in die Wohnung, um mit ihnen Bier zu trinken?
Nein, sagte die Frau. Tut mir Leid. Du hast es gut gemeint. Aber mach bitte die Scheiße weg, ich muss jetzt zum Friseur.

Saurier & Könige

Einmal hatten zwei Pferdesaurier einen Tyrannosaurus wegen seiner kleinen Arme verspottet. Es fiel auch das Wort Contergan, und wegen dieser Geschmacklosigkeit beschloss der Natursheriff, die Pferdesaurier hart zu bestrafen.
Sie wurden in normale Pferde verwandelt und an Paul Schockemöhle verkauft. Der Tyrannosaurus stieß auf das Wort Erkenntnisgewinn und dachte darüber nach, was für einen Raubsaurier sehr ungewöhnlich war. Normalerweise kam er mit zwei Begriffen aus: rein und raus. Und jetzt so was! Er konnte an nichts anderes mehr denken, und je länger er nachdachte, desto schneller verging die Zeit. Eines Morgens wachte er auf und war Kapuzinerkresse geworden. Es wurde Dezember, die Kresse erfror.
Die Heiligen Drei Könige kamen vorbei, und Melchior sagte: Schaut mal! Da liegt erfrorene Kapuzinerkresse! Vielleicht können wir das Zeug irgendwelchen Idioten als Spinat verkaufen.
Wir sind steinreich!, rief Balthasar. Warum sollten wir irgendwelchen Idioten Kapuzinerkresse andrehen?
Aus Spaß, meinte Melchior. Und auch um zu erfahren, ob wir das können.
Kaspar gähnte. Ich muss was essen! Lasst uns da drüben anhalten.

Er zeigte auf die Brat-Oase. Sie schauten auf das Angebotsschild.
Was sind denn Bullets?, fragte Melchior die Frau hinter dem Tresen.
Janz kleene Buletten, sagte die Frau. Sie waren in Berlin. Jeder aß ein Schälchen Bullets mit Senf, und nach ein paar Fläschchen Wodka-Pflaume sahen sie den Tatsachen ins Auge: Wie konnte sich der Bordcomputer so kolossal vertun? Nur weil beide Orte mit B anfangen?
Sieht so aus, sagte Balthasar. Also fuhren sie zum Flughafen Tempelhof und flogen mit einer kleinen heiligen Viermannmaschine direkt nach Bethlehem. Da hieß es: Gott sei Dank. Wir dachten schon, ihr kommt nicht mehr!

Die Tageszeitung

Einmal wollte ich eine große unabhängige Tageszeitung gründen, aber ich hatte kein Geld für Papier.
Nimm doch ein Bettlaken, sagte meine Frau. Wir haben ja zwei.
Zuerst war ich extrem skeptisch, und die ersten Telefonate waren auch ziemlich frustrierend. Alle Journalisten, die ich anrief, sagten: Nee, auf Laken schreib ich nicht.
Ich wollte das Tuch schon in den Schrank zurücklegen, da meinten die Kinder: Warum schreibst du nicht selbst? Du kennst doch alle Buchstaben. Ich überlegte kurz und dachte: Mensch, die Kinder haben Recht! Ich fragte sie: Fällt euch auch noch eine gute Schlagzeile ein? Da rief der Älteste: Guter Tag heute! Kein Krieg bei uns zu Hause!
Ich sagte: Danke, die nehm ich.
Als ich mit der Schlagzeile fertig war, sah ich, wie wenig Platz noch übrig war. Da passten nur noch ein paar Fische hin und ein paar Striche, Schnickschnack eben, überflüssiges Zeug.
Wenn man noch nie eine große unabhängige Tageszeitung gegründet hat, passieren beim ersten Mal natürlich Fehler. Das ist normal. Als die Farbe trocken war, wollte ich zum U-Bahnhof laufen, um die Zeitung zu verkaufen, doch meine Schwiegermutter hielt mich zurück.

Überleg mal!, sagte sie. Wenn du die Zeitung jetzt verkaufst, ist sie weg! Und vielleicht liest sie nur ein einziger Mensch!
Vielleicht lässt er sie in der U-Bahn liegen, erwiderte ich. Dann lesen sie noch andere.
Ja, vielleicht, meinte die Schwiegermutter, aber vielleicht auch nicht. Ich fände es jedenfalls sauschade, wenn eine so große und unabhängige Tageszeitung von nur einem Menschen gelesen würde.
Da war was Wahres dran.
Warum hängst du sie nicht aus dem Fenster?, fuhr die Schwiegermutter fort.
Ich blickte sie angewidert an: Ich bitte dich! Eine große unabhängige Tageszeitung hängt man doch nicht wie ein x-beliebiges Antikriegstransparent aus dem Fenster!
Wir schwiegen eine Weile. Schließlich hängte ich meine Zeitung zur Straße raus aus dem Fenster. Weil es windig war, musste ich sie einholen und an die unteren Zipfel Steine binden. Auf den Bürgersteig stellte ich unseren gut erhaltenen 60er-Jahre Standaschenbecher hin. Da sollten die Leute das Geld reintun. Jeder einen Euro. Meine Frau meinte, das sei zu viel. Ich fand das nicht. Eine große unabhängige Tageszeitung hat ihren Preis.
Am nächsten Morgen war der Aschenbecher weg!
Wenn man unmittelbar nach der Gründung einer großen unabhängigen Tageszeitung mit einem solchen Rückschlag konfrontiert wird, überlegt man sich natürlich, ob das Ganze überhaupt noch tragbar ist. Die Kinder schlugen vor, das Laken umzudrehen und ›Bring das Geld zurück, du Drecksau!‹ draufzuschreiben. Aber ich fand, so etwas hätte mit seriösem Journalismus nicht mehr viel zu tun. Ich gab auf. Obwohl mich alle zum Weitermachen dräng-

ten, blieb ich bei meinem Entschluss, denn ich hatte das Gefühl, das Schicksal selbst hätte den Aschenbecher gestohlen, um mein Verhältnis zur Öffentlichkeit noch weiter zu zerrütten. Das kann's ja wohl nicht sein.

Die Archäologen

Einmal flog ein Staubsauger um die halbe Welt, um eine Staubsaugerin kennen zu lernen. Vergebens! Die Steine sagten: Gib's auf! Es gibt keine Staubsaugerinnen! Du darfst vom Leben nicht mehr verlangen, als es zu bieten hat.

Da setzte sich der Staubsauger auf einen wohlgeformten Findling und weinte bitterlich staubige Tränen.

Tröste dich, sagte der Findling. Uns geht es ja genauso. Es gibt keine Findlinginnen und überhaupt keine Steininnen.

Aber ihr Steine, fragte der Staubsauger, seid ihr denn überhaupt an irgendetwas interessiert? Ihr liegt doch immer nur doof rum. Da schwieg der Stein den unsensiblen Staubsauger tot.

Viele Hunderte von Jahren später, als schon niemand mehr wusste, dass es einmal Staubsauger gegeben hatte, fanden spielende Archäologen den versteinerten Staubsaugerbeutel. Sie fanden ihn so schön, dass ihnen die Augen vor Freude übergingen, obgleich sie nicht wussten, was für ein Ding das war.

Als die Frau eines Archäologen Pfannkuchen vorbeibrachte, wunderte sie sich.

So schön ist das Ding beileibe nicht! Ich glaube, ihr wolltet unbedingt etwas Superschönes finden, ganz egal was! Ich

glaube, eure Scheiß-Gemüter sind erhitzt! Ich will mal Fieber messen!
Tatsächlich: Alle Archäologen hatten 40 Grad Fieber! Die Frau fuhr sie mit dem Ausgrabungsbus und der Versteinerung ins Untersuchungszentrum. Dort stellten sie fest, dass sich das sexuelle Verlangen des Staubsaugers über den versteinerten Beutel auf die Männer übertragen hatte.
Ihr müsst nur mal kurz abspritzen, sagte der Alltest-Chef. Dann ist alles wieder gut. So kam es auch.
An dieser Geschichte kann man sehr gut sehen, dass in der Zukunft unvorstellbare Sachen passieren können, sogar mit Happy End!

Die Meerschweinchen

Einmal war ein guter Mann gestorben. Er wollte in den Himmel, doch Petrus sagte: Wir sind voll!
Was soll das heißen?, rief der gute Mann.
Zu viele Meerschweinchen, sagte Petrus mit Bedauern im Blick. Ich kann da gar nichts machen. Er schloss die Himmelstür, und der gute Mann namens Karsten Tewes, der sich als Künstler aber Sven Fowler genannt hatte, ließ sich zu Tode betrübt auf die goldenen Stufen sinken und weinte bitterlich.
Anfangs versuchte er seine Enttäuschung noch durch nette Überlegungen in Zaum zu halten. Er sagte sich z. B.: Alle Seelen sind gleich wichtig. Also dürfen alle in den Himmel, sofern sie gut waren. Er sagte sich auch: Klar, so liebe Tierchen wie Meerschweinchen müssen natürlich in den Himmel kommen, da gibt es nichts zu kritisieren.
Aber je länger er ungeduldig auf den goldenen Stufen hin- und herrutschte, desto mehr mischte sich Wut in seine bläulichen Gedanken. Warum die doofen Meerschweinchen?, fragte er irgendwann. Warum ausgerechnet diese saublöden Mümmelmonster? Die Vorstellung, eines dieser ihm ganz besonders verhassten Rosettenmeerschweinchen könnte ihm den Platz im Himmel weggeschnappt haben, machte ihn fast böse.

Er begann mit beiden Fäusten auf die Himmelstür zu donnern und ›Meerschweinchen raus!‹ zu brüllen. Auch andere, die nach ihm gekommen waren, folgten seinem Beispiel. Petrus versuchte die Leute zu beruhigen, doch die Emotionen kochten immer höher. Schließlich brachte ein ankommendes Meerschweinchen das Fass zum Überlaufen. Es quiekte kurz, die Tür ging auf, und Petrus sagte: Na, du passt bestimmt noch rein!

Die Leute waren empört. Sie brüllten sich die Seelen aus dem Leib, sie wollten Gott persönlich sprechen. Komm raus!, skandierten sie. Wir wollen dich endlich sehen!

So nicht!, rief Petrus durch die verschlossene Tür. Gott lässt sich von euch zu gar nichts drängen. Sagt tausendmal bitte.

Die Leute riefen: Gut. Aber wenn er dann nicht kommt, fallen wir vom Glauben ab.

Dann gehen wir zum Teufel!, setzte Sven Fowler noch einen drauf.

Von mir aus, grummelte Petrus und zählte mit. Jetzt noch tausendmal ›please‹. Er zählte wieder mit. Nach tausend ›s'il vous plaits‹ stand Gott auf einmal hinter ihnen. Er war riesig. Den Leuten schossen vor Ergriffenheit sofort die Tränen in die Augen. So riesig hatten sie sich Gott nicht vorgestellt.

Er trug unzählige Pelz- und Fellmäntel übereinander und sprach über die kosmische Kälte, er verfluchte sie sogar.

Hört ihr?, raunten sich die Leute zu, er verflucht die kosmische Kälte! Sie zitterten vor Aufregung.

Gott beschrieb die kosmische Kälte zwischen den Flüchen unglaublich gut, und irgendwann stimmten die Menschen in die Flüche ein, während Gott sich langsam in Bewegung setzte. Sie folgten ihm fluchend durch die endlosen Weiten des Universums, und er brachte sie durch einen Hintereingang in den Himmel. Seitdem freuen sie sich über jedes neue Meerschweinchen, auch Sven Fowler.

Gelbe Astern

Einmal haben gelbe Astern den Herbst ausgelacht, aber richtig fies.
Sie riefen: Hau ab, du braune Trauersau, und noch schlimmere Sachen. Es war entlarvend: Blumen sind gar nicht so nett.
Der Herbst war schwer getroffen, denn gelb ist seine Lieblingsfarbe, und Astern mag er ganz besonders. Da hat er sie in seiner Pein kurzerhand ausgerissen und hoch in den Himmel geschleudert. Sie fielen alle auf den Kopf der Schlagertexterin Olivia P. Da hatte sie die Idee zu dem Lied ›Für mich soll's gelbe Astern regnen‹.
Die Blumen schimpften weiter. Sie krakeelten die ganze Nacht, sodass viele Menschen in der näheren Umgebung kein Auge zukriegten, wobei sie früh rausmussten. Manche riefen die Polizei. Die klingelte Olivia aus dem Bett. Nun standen sie vor den krakeelenden Astern, und die Meinungen gingen auseinander.
Ein Polizist sagte: Wenn wir die Blumen wieder einpflanzen, hören sie auf zu schreien.
Der andere meinte: Vertrocknen lassen! In den Heizungskeller schmeißen und vertrocknen lassen!
Olivia warf sie in den Heizungskeller. Sie vertrockneten schnell und waren still. Aber jetzt fingen die Heizkörper

an, den Herbst zu beschimpfen: Kaum bist du da, müssen wir ackern! Du gehst uns mit deiner kühlen Art und deiner Endzeitstimmung total auf den Sack!
Olivia lachte: Ihr habt doch überhaupt keinen Sack, was redet ihr denn da. Seid froh, dass es die kalten Jahreszeiten gibt, sonst gäbe es euch gar nicht! Ich jedenfalls finde den Herbst großartig. Kaum ist er da, singt mein Bewusstsein auf dem Grund des Daseins ergreifende Lieder.
Wie bitte?, fragten die Heizkörper. Du hast sie wohl nicht alle!
So ging die Unterhaltung noch eine Zeit lang weiter, und der Herbst hörte den Streithähnen fast eine Stunde zu, weil er im Wartezimmer saß. Es war in der Praxis eines Arztes, der sich auf Jahreszeiten spezialisiert hatte, weil er auf keinen Fall mehr als vier Patienten haben wollte.

Der Weltcup

Wir saßen bei Tobias' Mutter in der Küche und wussten nichts mit uns anzufangen. So ein grauer Regentag!
Habt ihr die Depeche-Mode-Platten schon alle durchgehört?, fragte die alte Frau.
Wir nickten stumm.
Warum bastelt ihr dann keine Eichelmännchen und lasst sie gegeneinander kämpfen?
Wir haben keine Lust in den Wald zu gehen und Eicheln zu suchen, sagte Lydia. Wir wollen gar nicht rausgehen.
Und wir wollen auch nicht immer kreativ sein, sagte Tobias. Immer machst du irgendwelche Vorschläge, was wir machen könnten, aber es sind seit über dreißig Jahren immer die gleichen: Fernsehen, Musik hören und Eichelmännchen basteln.
Und Sex und Fußballspielen, ergänzte Tobias' Mutter.
Ja, sagte Tobias, mehr fällt dir nicht ein!
Ich finde, das ist schon eine ganze Menge, wehrte sich Frau Lang. Es kommt ja auch nicht so sehr darauf an, was man tut, sondern vielmehr, wie man es tut!
Wir stöhnten.
Fängst du schon wieder damit an!, rief Tobias. Versteh doch endlich, dass wir anders sind als du. Wir wollen nicht die ganze Zeit aufmerksam sein und irgendwas erleben

oder groß was fühlen. Wir möchten manchmal einfach vor der Glotze liegen und weiter nichts, nur da sein, verstehst du? Nur die Helligkeit und wir.
Ist jetzt das Licht schon eine Droge?, fragte Frau Lang. Betäubt euch jetzt schon die Strahlung des Bildschirms, seid ihr schon so sensibel?
Wir staunten über die alte Frau, so was von geistig rege! Trotzdem wollten wir unsere Ruhe haben und gingen nicht mehr auf sie ein. Sie ließ nicht locker: Ich habe einen ganzen Schuhkarton voll Eicheln, den könnt ihr haben. Zahnstocher gibt es auch genug.
Wir gaben nach. Ich glaube, mehr aus Mitleid. Sie holte die Sachen. Wir bauten die Eichelmännchen und gaben ihnen Namen: Das erste hieß natürlich Hans Eichel und das zweite Oliver Kahn, weil der gerade der beste Deutsche war. Aber dann gingen wir zu den wirklich berühmten Leuten über: Napoleon, Hitler, Dschingis Khan, Jesus, Mao, und Bianca sagte: Jetzt wird es aber auch mal Zeit für eine Frau!
Erst noch Stalin, sagte Jeremy. Und Nelson Mandela und John Lennon und Pele.
Mutter Teresa!, rief Lydia.
Zu verschrumpelt, sagte Tobias. Guck dir mal bitte diese glatten Eicheln an! Er hielt ihr eine vor die Nase. Das soll Mutter Teresa sein? Ich finde, wir sollten keine Frauen nehmen. Frauen und Eichelmännchen, das geht einfach nicht zusammen! Uns fallen ja auch gar keine richtig guten Frauen ein!
Madonna!, rief Lydia. Und die Jungfrau von New Orleans!
Da mussten alle lachen.
Na, endlich!, rief Tobias' Mutter. Endlich lacht ihr mal! Ich

denke ihr seid die Spaßgeneration, aber richtig freuen könnt ihr euch –
Spaß und Freude ist ja auch nicht dasselbe, unterbrach sie Bianca, um gleich darauf Maria von Welser zu rufen.
Wer ist das denn?, fragte Jeremy.
Die hat früher mal die Frauensendung Mona Lisa moderiert, sagte Bianca, und danach hat sie noch was moderiert, das hab ich aber vergessen.
Oje!, rief ich. Du kannst Maria von Welser doch nicht auf eine Stufe mit Madonna oder Mao stellen! Da können wir ja gleich Mutter Beimer, Yvonne Catterfeld oder Jenny Elvers dazunehmen!
Warum denn nicht?, rief Lydia. Die Eichelmännchen müssen ja auch nicht alle gleich wichtig oder prominent sein. Das ist doch sowieso viel lustiger, wenn nachher, sagen wir, Theresa Orlowski gegen Buddha kämpft.
Stimmt, sagte Tobias, und auch die anderen pflichteten mir bei. Ich schlug vor, für jedes Eichelmännchen zur besseren Unterscheidung ein buntes Fähnchen zu basteln, um das Spiel auch optisch interessanter zu machen. Wieder stimmten alle zu. Auch Tobias' Mutter hatte sich jetzt dazugesetzt und qualmte uns mit ihren Polo-Zigaretten voll. Sie hatte vierzig Jahre HB geraucht und vor zwei Monaten die Marke gewechselt. Egal, sie störte ja nicht weiter. Das Spiel fing an!
K.-o.-System! Für jedes Eichelmännchen wurde einmal gewürfelt, bei Unentschieden noch mal und so weiter. Hitler flog schon in der ersten Runde gegen Sissy bzw. Romy Schneider raus, aber Mussolini kam ins Halbfinale gegen Astrid Lindgren.
3 : 3.
Dann 4 : 4.

Schließlich zog die legendäre Schwedin mit einem 6 : 2 ins Finale ein, wo sie dann unglücklich mit 5 : 6 gegen Montezuma verlor, den wir eigentlich nur reingenommen hatten, um die 36 voll zu kriegen, und ehrlich gesagt wollten wir erst Reinhold Messner nehmen, doch weil wir mit Hitler, Schwarzenegger und Toni Polster schon drei Österreicher hatten, sagten wir: Nee, das wird zu viel! So kam Montezuma rein, und er gewann das Pfingst-Turnier um den Regenwetter-World-Cup 2001, obwohl das Endspiel, wie alle fanden, zwei Sieger verdient gehabt hätte.
Allein schon wegen Pippi.

Der W-Tag

Letztes Jahr in der Vorweihnachtszeit bekamen wir alle dermaßen schlechte Laune, dass es kaum noch zum Aushalten war.

Morgen kauf ich Heroin, sagte Jeremy.

Nein!, rief Lydia. Das tust du nicht! Nur weil uns dieser ganze Geschenkewahnsinn deprimiert, fangen wir nicht mit Drogen an! Wir lassen Weihnachten dieses Jahr einfach ausfallen, und damit hat sich die Sache.

Du meinst verreisen?, fragte ich.

Von wegen!, lachte Lydia. Ich werde doch nicht aus meinem eigenen Land flüchten, weil mir irgendwas nicht passt.

Wisst ihr noch, fragte Tobias leicht sentimental, was wir früher in so einer Situation getan haben?

Hör bloß auf!, stöhnten wir alle. Alternative Weihnachten im Jugendheim, Pasolini-Filme gucken – ätzend!

Wenigstens hatten wir dem ganzen Apparat etwas entgegenzusetzen, sagte Tobias leise.

Wir hatten aber auch noch nicht begriffen, sagte Bianca, dass Weihnachten im Grunde etwas sehr Schönes sein kann.

Meinst du die Besinnlichkeit?, fragte ich.

Bianca nickte. Aber auch die Freude über die Geburt eines

Kindes, auch als Symbol für den ewigen Neuanfang, für die Hoffnung auf Veränderung.
Aber das ist es doch gerade!, erwiderte Jeremy. Es ist jedes Jahr Weihnachten, und es ändert sich nichts an der miserablen Situation der allermeisten Menschen. Schau dich doch um! Wir leben in einer der reichsten Regionen der Erde und sind die Leute glücklich? Und die Dritte Welt und, und, und du weißt doch, was ich meine! Und die Neugeborenen ja, süß! Und was wird nachher draus? Versoffene Schauspieler, mittelmäßige Banker, brutale Zuhälter! Hört doch auf mit Neuanfang, die ganze Scheiße wiederholt sich nur, und basta!
Und was schlägst du vor?, fragte ich ihn ganz direkt.
Heroin kaufen, sagte Jeremy.
Wir stöhnten auf.
Spar dir bitte endlich dein zynisches Geschwätz, ermahnte ihn Bianca, und ich fügte hinzu: Wir könnten vielleicht an Stelle von Weihnachten einen Weltverbesserungstag einlegen. Ist auch ein langes Wort mit W am Anfang und drückt präziser aus, was mit Weihnachten eigentlich gemeint ist. Und den Geschenkequatsch können wir vergessen.
Warum denn immer so besserwisserisch und unsinnlich?, fragte Bianca. Wir könnten doch das eine mit dem anderen verbinden, also Weihnachten feiern und alte einsame Menschen zu uns einladen.
Und ihnen Geschenke machen, folgerte Tobias.
Bianca nickte. Die freuen sich total, mal aus dem Heim herauszukommen!
Ja, eben!, rief Jeremy. Die freuen sich total und nachher wollen sie auch noch Ostern kommen und im Sommer Grillfest machen und ins Freibad, da mach ich nicht mit!

Ich seh mich schon mit einer Horde faltiger Monster auf karierten Decken liegen und Mendocino mitsummen!
Halt die Luft an, rief Bianca. Wir sprechen über Weihnachten! Niemand verlangt von dir, mit alten Menschen baden zu gehen. Und irgendwie hast du ja Recht, so gut ist die Idee wirklich nicht. Denn wenn man sie aus ihrem Alltag herausreißt, wird ihnen ihre Lage eventuell erst recht bewusst und wir richten mit unserem übertriebenen Altruismus auch noch Schaden an.
Dein Altruismus, stellte Jeremy klar.
Also, keine Alten!, kürzte Tobias das Gerede ab, und wir beschlossen den Weltverbesserungstag am 25. Dezember in aller Bescheidenheit zu begehen. Wir wollten superlange ausschlafen und uns dann am Abend gegen 18 Uhr bei mir treffen, um für ca. zwei Stunden über echte Verbesserungsmöglichkeiten nachzudenken, und das bedeutete: kein Umverteilungsschnickschnack, keine Gerechtigkeitsscheiße oder Chancengleichheitsgelaber, nein wir wollten an die Wurzeln, wir wollten den besseren Menschen!
Als es so weit war, saßen wir aber erst mal alle ganz still da, weil es schneite. Alle dachten das Gleiche, aber niemand wollte es aussprechen, bis Tobias schließlich meinte: Schön, so ein weißer Weltverbesserungstag!
Fanden wir alle.
Also gut, begann Lydia. Ich habe mir das Ganze einmal gut durch den Kopf gehen lassen, und ich finde, das Grundübel ist die Dummheit der Menschen.
Fanden wir alle.
Und die Gier!, ergänzte Bianca.
Von mir aus, sagte Lydia. Also ich dachte mir, man muss ganz vorne anfangen.
Keine Genmanipulation!, rief ich sofort dazwischen.

Lydia lächelte beschwichtigend: Ich meine die Befruchtung. Wer macht denn da das Rennen?
Weißt du doch, sagte Tobias. Das fitteste Spermium gewinnt. Das schnellste, stärkste macht das Rennen.
Eben, sagte Lydia. Und sind die Stärksten und die Schnellsten auch die Intelligentesten? Mike Tyson, Ben Johnson, Lothar Matthäus –
Moment!, rief ich. Es gibt auch intelligente Sportskanonen! War Jesse Owen ein Dummkopf, ist Muhammad Ali doof? Selbst weniger glamouröse Leute wie Axel Schulz haben oft aus ihren Möglichkeiten viel gemacht. Eine sportliche Begabung ist nicht notwendigerweise mit einem niedrigen Intelligenzquotienten oder natürlicher Dumpfheit gekoppelt, das ist doch blanker Unsinn!
Das fanden alle.
Auch Lydia sagte: Du hast ja Recht. Aber du wirst zugeben, dass es guten Menschen allzu oft an Durchsetzungsvermögen mangelt.
Ha!, rief Jeremy. Du hältst dich also immer noch für einen guten Menschen, obwohl du weder beruflich Karriere gemacht noch eine Familie gegründet hast?
Wir waren schockiert!
Jeremy!, sagte Tobias sehr entschieden. Das war jetzt aber echt unter der Gürtellinie!
Lass mal, wiegelte Lydia ab, das tut jetzt nichts zur Sache. Ich bleib aus Spaß mal souverän! Ihr wisst ja, was ich meine.
Ja, klar, sagte ich schnell. Mach weiter!
Nur mal angenommen, fuhr Lydia fort, die Eizelle würde nicht den Erstbesten reinlassen, sondern auf einen Langsameren warten, der so hinterhertrödelt, weil er vielleicht Spaß an der Bewegung hat oder sich alles mal genau an-

schauen möchte oder weil er nach der Zeit im Sack die Freiheit in vollen Zügen genießt. Glaubt ihr nicht, dass so ein Samentyp einen interessanteren Menschenschlag hervorbringen könnte, als dieses aggressive, waffenstarrende, autovernarrte Modell, das unsere Gesellschaften dominiert?
Sind wieder mal wir Männer schuld?, fragte ich gelangweilt.
Ich sag doch, erwiderte Lydia, die Eizelle müsste warten. Es liegt auch an ihr, ob sich der Mensch mal ändert.
Ich sagte: Gut. Das wollte ich nur wissen.
Das läuft also bei dir auf künstliche Befruchtung hinaus, sagte Bianca. Man schmeißt die gierigen Strebersamenzellen weg und nimmt die netten Nachzügler.
Warum denn nicht?, fragte Lydia. Man könnte es ja mal auf einen Versuch ankommen lassen.
Dann bist du für Menschenversuche, sagte Tobias klipp und klar. Dann glaubst du also, dass die Natur nicht in der Lage ist, uns Menschen glücklich zu machen?
Lydia grinste.
Es heißt ja nicht umsonst: Das Glücklichsein ist eine hohe Kunst, erklärte sie. Natur kommt ohne Glück ganz prima aus, da geht's nur um Vermehrung, ums Produzieren von mehr und immer mehr, um Quantität. Aber uns geht es um Qualität, oder? Wären sechs Milliarden glückliche Menschen nicht besser als zwölf Milliarden unglückliche?
Ich musste schlucken.
Bianca sagte: Puh! Und das an Weihnachten! Ist dir eigentlich klar, was du da eben gesagt hast? Das bedeutet Selektion!
Lydia nahm sich noch ein großes Stück Käsekuchen. Na und?! Wir selektieren doch die ganze Zeit! Das nehm ich,

das nicht, das tu ich, das nicht. Und die Natur macht das genauso, und die Ergebnisse sehen wir Tag für Tag: Angela Merkel, Roland Koch, Ralf und Michael Schumacher. Das als Kulturnation! Da wählt doch jemand permanent die falsche Nummer, und wir wundern uns über das ewige Tut-Tut.

Bianca sah auf ihre Uhr.

Die zwei Stunden waren rum.

Das ging aber schnell, sagte Tobias. Ich finde, wir haben die Sache gerade mal angeschnitten. Wir sollten morgen vielleicht gleich einen zweiten Weltverbesserungstag veranstalten, was meint ihr?

Ich sagte: Ja, wir haben heute gerade mal Lydias Vorschlag geschafft. Und nicht mal den!

Das führt zu weit!, meinte Bianca. Mir ist das alles viel zu theoretisch!

Da hast du auch wieder Recht, stimmte Tobias zu. Wir könnten morgen rodeln gehen!

Das fanden alle gut.

Wer rodelt, sündigt nicht, meinte Tobias noch, doch niemand reagierte. Ein Wort wie Sünde gibt heutzutage einfach nichts mehr her.

Vor Karneval

Paul hatte sich die Fische angesehen und gesagt: Die kannste alle wegschmeißen, die haben was.
Ich sagte: Quatsch, die haben nichts. Die bräuchten öfter frisches Wasser. Willst du Schokopudding?
Paul setzte sich an den Tisch. Ich geh als Söldner in den Kongo.
Mit Sahne?
Er nickte. Ich geh als Söldner in den Kongo.
Ja, ja!, rief ich. Hab ich schon mitgekriegt, du Spinner! Bloß weil du keine Lehrstelle kriegst, brauchst du noch lange nicht makaber werden. Was macht denn die Musik?
Hiphop ist tot.
Dann macht doch was anderes, schlug ich vor. Wie wär's mit supermelodiöser, rhythmisch vertrackter Nebenbei-Musik mit nebulösen Texten?
Er guckte mich gelangweilt an: Was ist denn Nebenbei-Musik?
Ein neuer Trend aus Österreich. Hab ich in der Süddeutschen Zeitung gelesen. Das ist Musik, die macht man nebenbei, ganz einfach. Man komponiert sie nebenbei, man textet nebenbei, man spielt und hört sie nebenbei.
Paul lachte. Was soll das denn?
Ich schüttelte den Kopf. Ist neu. Aus Wien. Ich hab's ja nur

gelesen. Aber warum sollten wir uns nicht mal wieder von den Wienern inspirieren lassen? Die Amis sind doch längst am Ende. Das ist doch nur noch deprimierend, was über den Ozean kommt.
Paul hatte den Pudding verputzt. Er sah zufrieden aus. Er hatte keine Lust, sich länger mit mir zu unterhalten und fuhr ins Stadion. Es wurde dunkel. Ich warf einen Sack Maiskolben in meinen alten Punto und fuhr in den Wald.
Die Rehe warteten schon! Wo bleibst du denn?
Ich hab's total vergessen, gab ich zu. Ich habe mein Karnevalskostüm gebastelt, und das ist für mich so was wie na ja, ich falle dann in eine Art Trance, und schon sind zwei, drei Stündchen rum.
Und wir stehen hier im Schnee und frieren uns den Arsch ab, knurrte ein alter Bock.
Spiegel, sagte ich. Bei Rehen heißt das Spiegel!
Und wir stehen hier im Schnee und frieren uns den Spiegel ab – Wie hört sich das denn an, du Arsch!?, brummte der Alte.
Ist das ordinäre Sprechen jetzt auch schon bei euch Tieren hip?
Kümmere dich besser um die wichtigen Sachen, wies mich eine Ricke zurecht. Wenn du den Job als Aushilfsförster annimmst, bist du für uns verantwortlich! Was sollen wir den Kitzen sagen, wenn sie vor Hunger weinen? Tut mir Leid, mein Kind. Aber der Aushilfsförster ist gerade in Trance?
Schluss jetzt!, rief ich. Hier ist euer Futter! Habt euch nicht so. Ihr seid keine bedrohte Tierart. Und außerdem haben wir Menschen genug Sorgen. Ihr könnt heilfroh sein, dass wir uns so um euch bemühen.
Die Tiere hörten nicht mehr zu. Sie knabberten die Kolben. Ich fuhr zurück auf die Landstraße und schaltete das Fern-

licht ein. Es war noch früh am Abend, Zeit genug, mich weiter um mein Kostüm zu kümmern. Ich wollte als Gabelstapler gehen und als Nächstes die langen Schuhe bauen. Die Latten hatte ich schon. Warum waren die Rehe so undankbar?
O.k., der alte Förster, der nebenbei auch Bauer war, hatte sie hin und wieder mit Tiermehl gefüttert, vielleicht hatten sie BSE, doch davon wussten sie ja nichts. Die sind genauso unverschämt und unzufrieden wie viele Menschen, ging es mir durch den Kopf. Die nehmen viel zu viel als Selbstverständlichkeit. Und geben? Fehlanzeige! Die könnten ja auch mal kleine Kunststückchen lernen, Bockspringen oder Pirouetten oder Piaffen oder wie das heißt. Die Pferde können das ja auch. Und wenn ich komme, könnten sie schon rufen: Onkel Förster, guck mal! Als hätten wir Menschen nichts Besseres zu tun, als Rehe über den Winter zu bringen! Ich wurde wütend und schaltete das Radio ein. Aber wichtiger wäre es von den Lebenden zu hören, sagte eine Frauenstimme. Ich drehte sofort weiter, ich wollte Musik hören! Na, endlich! Flieg mit mir nach Kalifornien. Es war eine deutsche Version des Albert-Hammond-Hits ›It never rains in Southern California‹, und bei Kalifornien musste ich an Silicon Valley denken. Einige Tage vorher hatte ich einen Fernsehbericht über einige Leute dort gesehen, und da war eine französische Unternehmerin gefragt worden, wie viel Geld, salopp gesagt, denn da hinter ihr am Tisch säße? Da saßen sechs oder sieben Männer, und sie meinte: 50–100 Milliarden, ich weiß nicht mehr, ob Dollar oder Mark. Und ich muss mich als Aushilfsförster von frechen Rehen beschimpfen lassen! Ich machte das Radio aus, und wenn ich in dieser Nacht mein Kostüm nicht gehabt hätte, wär ich im Puff gelandet. Und das bei meinen Schulden!

Gerade noch im Mai

Eines Tages wollten wir einen Formel-1-Grand-Prix fahren, aber wir hatten keine passenden Autos, wer hat die schon? Bianca schlug vor, die Fahrräder zu nehmen.
Unsere alten schrottigen Fahrräder?, fragte Tobias ungläubig. Eher würde ich dich heiraten!
Ich fand beide Ideen prima, und deshalb schlug ich vor, zuerst den Grand Prix zu fahren und danach die Heirat anzugehen. Jeremy und Lydia stimmten zu. Ihr müsst ja nicht ewig zusammenbleiben, meinte Lydia.
Ich bin Michael Schumacher!, rief Tobias.
Typisch! Er ist auch Bayern-München-Fan und kämmt sich die Haare wie Ottmar Hitzfeld und Old Shatterhand nach hinten.
Ich wollte Ayrton Senna sein, aber Jeremy meinte, Tote dürften nicht mitfahren. Also war ich Jacky Stewart, und Jeremy war Emerson Fittipaldi. Bianca wollte Jochen Rindt sein und nur Jochen Rindt, weil sie den Namen so klasse findet, aber weil Tote nicht mitfahren durften, ging das nicht, und sie war aus Protest die Frau von Michael Schumacher.
Sei nicht albern!, sagte Tobias. Die Corinna fährt keine Rennen, das ist doch Blödsinn! Warum bist du nicht Rubens Barrichello, das ist auch ein toller Name, und das ist auch ein toller Typ, ich glaube Brasilianer.

Seit wann sind Brasilianer tolle Typen?, giftete Bianca. Die ficken alles, was nicht hustet, und haben nur Fußball im Kopf!
Wir verdrehten alle die Augen. Bianca hatte einmal einen brasilianischen Freund gehabt, der außer ihr noch zwei andere Frauen gleichzeitig hatte. Uns hatte das damals imponiert, doch Bianca hat seitdem einen Brasilien-Komplex, sie hasst sogar Samba und Portugal, nur wegen Oscar! Sie war dann aus Trotz Karl Lagerfeld und fuhr auch gar nicht richtig mit. Sie ließ sich ganz weit zurückfallen. Lydia interessierte sich gar nicht für Autorennen und wusste überhaupt nicht, wer sie sein sollte.
Kann ich nicht Jan Ullrich oder Erik Zabel sein? Wir fahren doch sowieso bloß Rad.
Wir lehnten ab: Das ist doch Quatsch! Jan Ullrich gegen Michael Schumacher! Da können wir ja gleich alle Beckenbauer sein, rief Tobias.
Das könnte dir so passen, sagte ich. Obwohl es wegen der Chancengleichheit gar nicht so dumm wäre, warf Jeremy ein. Denn wenn jemand Michael Schumacher heißt, dann ist er klar im Vorteil, ich meine psychologisch, weil alle wissen: Michael Schumacher gewinnt.
Ach, Namen!, rief Tobias. Es kommt doch nur auf Kraft und Ausdauer und Geschicklichkeit an, und außerdem seid ihr ja, bis auf Bianca, auch alle mehrfache Weltmeister.
Dann will ich auch ein Weltmeister sein!, rief Lydia. Wie wär's mit Jacques Villeneuve?, fragte ich.
Villeneuve? Hört sich gut an, sagte Lydia, den nehm ich.
War Villeneuve Weltmeister?, fragte Jeremy.
Ich sagte: Klar! Aber so ganz sicher war ich mir jetzt auch nicht mehr. Egal! Die Frauen würden sowieso keine Chance haben, ganz vorn dabei zu sein.

So kam es auch: Lydia fiel irgendwann zurück und setzte sich an den Straßenrand, um auf Bianca zu warten. Also waren Karl Lagerfeld und Villeneuve schon aus dem Rennen, als sich Michael Schumacher, Emerson Fittipaldi und Jackie Stewart die Brücke über die Transitstraße hinaufquälten. Es war ein heißer Tag. Wir schwitzten tierisch. Tobias legte sich mächtig ins Zeug, und als wir oben angekommen waren, drehte er sich fluchend nach uns um: Los, ihr Schweine! Raus aus meinem Windschatten!
Mein Mund war so trocken, dass ich gar nicht antworten konnte, und Jeremy sagte nur: Dann fahr doch weg, du Arschloch!
Das machte Tobias dermaßen wütend, dass er tatsächlich unwiderstehlich davonzog und viel früher im Zielraum ankam als wir.
Aber das wurmte ihn, denn er wäre viel lieber Spurtsieger geworden, wegen der Dramatik. Er liebt ja auch Elfmeterschießen.
Jeremy und ich beschlossen jedenfalls kurz nach Tobias' entscheidender Attacke, auf die Mädchen zu warten. Wir stellten die Räder ab und setzten uns total kaputt auf eine Bank am Straßenrand.
Wir hätten Handtücher mitnehmen sollen, sagte Jeremy.
Ich nickte. Der Schweiß tropfte mir aus den Augenbrauen auf die Knie und rann von da aus in die Socken.
Wir warten auf die Mädchen und suchen einen Baggersee, was hältst du davon?, fragte Jeremy.
Nicht schlecht, gab ich zurück. Aber wenn es keinen See in der Nähe gibt? Und Tobias wird sauer sein!
Na und?! Jeremy lachte. Wer wegfährt, ist selbst schuld.
Da kamen schon die Mädchen ganz gemütlich angeradelt. Sie waren ins Gespräch vertieft und fuhren an der Bank vor-

bei. Wir riefen: Hey! Hier sind wir! Sie machten kehrt und erzählten, dass sie über die Hochzeit gesprochen hätten. Bianca hatte es sich anders überlegt. Sie wollte nicht Tobias, sondern mich heiraten.

Ich sagte: Nein. Du weißt ganz genau, dass ich nicht vor 45 heiraten möchte. Wir können von mir aus regelmäßig miteinander schlafen, aber heiraten kommt nicht in Frage.

Bianca hielt die Luft an, und alle wussten, dass jetzt wieder einer ihrer seltsamen Vergleiche kommen würde.

Dann rief sie: Das ist ja genauso, als würdest du einer Malerin eine Euro-Palette schenken! Was glaubst du denn, was Liebe ist? Und was hast du für kranke Vorstellungen von der Ehe? Und hast du überhaupt schon mal an Kinder gedacht?

Ich entgegnete: Nein. Wir sind selbst noch Kinder, und dadurch, dass wir Kinder bekommen, werden wir noch längst nicht erwachsen.

Bianca winkte ab. Du weißt immer alles so genau im Voraus! Aber irgendwann wirst du alt und impotent in einem Altersheim aufwachen und vorgeweichte Toppas schlürfen und so einsam wie ein Schwein sein!

Ich werde nie einsam sein, erwiderte ich. Und wenn doch, wirst du es nie erfahren! Und wenn ich einmal alt und gebrechlich sein sollte, werde ich eine Nacht darüber schlafen und mich nach dem Frühstück aufhängen!

Nun ist aber gut!, ging Lydia dazwischen.

Lass ihn seine Lebensplanung ruhig ausplaudern, sagte Bianca spitz, und Jeremy rief: Schluss jetzt! Man kann doch niemand zur Heirat zwingen! Er sah Bianca an. Und wenn du im Alter nicht alleine sein willst, kannst du dir doch von andern Männern Kinder machen lassen, wer hindert dich daran?

Ich denke, wir sind Freunde, zischte Bianca.
Wir nickten schnell.
Und auf Freunde sollte man sich verlassen können, oder?
Bianca, sagte Lydia, jetzt bringst du aber einiges durcheinander! Freunde müssen einander helfen, aber nicht heiraten!
Wo ist denn da der Widerspruch?, fragte Bianca und brach in Tränen aus.
Komm, sagte Jeremy, setz dich. Er führte sie zur Bank. Die Strapazen des Rennens waren zu viel für sie gewesen.
Ist ja auch Schwachsinn, einen Formel-1-Grand-Prix mit Fahrrädern zu fahren, sagte ich. Wer hatte die Idee denn eigentlich?
Da kam Tobias. Wo bleibt ihr denn?
Bianca hatte einen Schwächeanfall, sagte Jeremy. Wir mussten bei ihr bleiben. Hast du gewonnen?
Tobias schüttelte den Kopf. Noch nicht! Ich bin vor der Ziellinie umgekehrt. Ich finde Massenankünfte einfach spannender.
Aber bei einem Formel-1-Grand-Prix sind Massenankünfte extrem selten, meinte Jeremy.
Ich pflichtete ihm bei. Und sowieso: Ich finde ohne Boxenstopps ist es kein richtiges Formel-1-Rennen.
Na, sagte Lydia. Einen Stopp haben wir immerhin eingelegt. Und geboxt hättet ihr euch auch fast! Wir lachten. Sogar Bianca. Sie wischte sich mit ihrem blauen Make-Me-Happy-T-Shirt die Tränen ab und rief: Tobias, die Hochzeit ist geplatzt!
Warum?, fragte Tobias. Wir rollten langsam los.
Ich finde es vernünftiger, einen fremden Mann zu heiraten, erklärte Bianca. Denn so verliert man keinen Freund.
Clever, sagte Tobias, und Lydia bat: Ach, lasst uns was zu-

sammen singen! Vielleicht ein schönes Mailied, es ist doch noch Mai, oder?
Sie hatte Recht. Es war der 31. Mai, und wir einigten uns auf ›Jetzt kommen die lustigen Tage‹ wegen der Stelle mit dem roten, roten Mohn. Die finden wir alle zeitlos schön.

Das Baumhaus

Jeremy hatte die größten Gräser im Garten seiner Eltern schwarz angemalt. Dann stechen sie besser ins Auge, meinte er.
Ich sagte: Iiih! Bist du heute aggressiv! Er hatte aber Grund dazu: Der Baum, den wir für unser Baumhaus ausgesucht hatten, war abgesägt worden!
Das war Opa, sagte Jeremy, ich wette, das war Opa!
Da kam er auch schon angestapft!
Na, Jungs! Was geht ab?
Hast du die Pappel umgelegt?, fragte Jeremy.
Sie war krank, sagte der Großvater. Schaut's euch an!
Er ging mit uns zum Stumpf. Da, seht ihr? Das Herz ist morsch.
Aber sie war noch sehr stabil, wandte Jeremy ein. Sie hätte noch mindestens 10 Jahre gestanden oder 20 oder 30.
Zu gefährlich!, brummte Opa Schlömer. Die Stürme werden in der letzten Zeit immer zahlreicher und heftiger. Die Pappel war ein hoher Baum. Sie hätte unser Gartenhaus zerstören können oder uns erschlagen oder die Nachbarn – sie musste weg!
Wir wollten ein Baumhaus bauen, sagte Jeremy.
Ein Baumhaus auf der Pappel?, staunte der Großvater. Es

gibt wohl kaum einen ungeeigneteren Baum für ein Baumhaus als die schlanke Pappel.
Den Weihnachtsbaum vielleicht, warf Lydia ein.
Der Großvater sah sie an und nickte. Es war doch schon fast unmöglich, auf die Pappel hinaufzuklettern! Wie hättest du denn dort oben eine Plattform für ein Baumhaus anbringen können?, fragte der Großvater.
Ich wollte ja gar nicht auf die Pappel klettern, erklärte Jeremy trotzig. Ich wollte hier unten um den Stamm herum eine Blockhütte bauen, verstehst du?
Das ist aber kein Baumhaus, meinte der Großvater. Ein Baumhaus steht nicht auf dem Boden. Hast du noch nie einen Tarzanfilm gesehen?
So was Doofes!, lachte Jeremy. Ich bau mir doch kein Haus wie Tarzan! Dann kommen meine Feinde, sägen den Baum ab, und ich darf nicht mal sauer sein, weil sie sagen, er sei morsch!
Du hast doch überhaupt keine Feinde, sagte Opa Schlömer. Du könntest dir in aller Ruhe ein richtiges Baumhaus bauen und dort oben das Leben genießen.
Keine Feinde?, rief Jeremy. Ich hab mich wohl verhört! Ich habe überall Feinde! Jeder, der die Erde zerstört, ist mein Feind. Jeder Tier- und Menschenquäler ist mein Feind. Und jeder der sich so verhält, als hätte er noch ein zweites Leben im Kofferraum!
Ist ja gut!, unterbrach ihn der Großvater. Ich mag so Leute auch nicht. Aber ein Feind, der dich nicht kennt, tut dir doch nichts!
Gerade die!, schrie Jeremy. Das sind die Schlimmsten! Sie verpesten unsere Luft, sie vergiften unser Essen, sie zerstören unser Klima! Sie schicken uns die Stürme, vor denen du dich fürchtest!

Der Großvater lachte: Aber sie kommen nicht, um dein Baumhaus zu zerstören!
Müssen sie ja nicht, sagte Jeremy. Sie haben ja Leute wie dich, die schon vorher zuschlagen.
Jetzt wurde es Opa Schlömer zu dumm. Er ging ins Haus und ärgerte sich mehr als zwei Stunden über seinen Arschlochenkel, ehe er beschloss, seine wertvolle Kunstsammlung zugunsten von Greenpeace und Amnesty International versteigern zu lassen. Er hatte sich schon oft über Jeremy geärgert und ihn immer wieder selbst in Schutz genommen: Der Junge hat's ja auch nicht leicht. Beide Eltern Idioten, alle Großeltern linke Spinner, im Luxus aufgewachsen, nie richtig arbeiten gemusst etc. Schluss damit!
Großvater Schlömer griff zum Handy.
Wir wussten natürlich nichts von dieser dramatischen Entwicklung.
Bianca sagte: Das war hart. Wenn ich noch einen Großvater hätte, würde ich ihn nicht so attackieren. Er meint es doch nur gut.
Wir dachten alle so. Doch Jeremy war uneinsichtig. Er meinte, irgendwo müsse man schließlich mal anfangen, sonst ginge die ganze Welt kaputt.
Könnt ihr euch noch an Simon erinnern?, fragte Bianca.
Den Jungen aus der Parallelklasse, der Mukoviskose hatte und vor dem Abi starb?
Klaro, sagte Tobias, war doch supertraurig damals.
Es heißt Mukoviszidose, sagte ich.
Ja, ja, sagte Bianca. Ich mein ja nur. Der hieß mit Nachnamen Karfunkel, versteht ihr! Die Leute heißen Karfunkel und nennen ihren Sohn Simon, das ist doch echt der Hammer.
Wie kommst du jetzt auf den?, fragte Jeremy.

Ich weiß nicht, sagte Bianca. Mir fallen manchmal Leute von früher ein.
Das liegt am Alter, sagte Lydia. Da fängt man an zurückzudenken. Wenn nicht mehr so viel Neues passiert, dann denkt man eben zurück. Man muss ja an was denken.
Bauen wir jetzt die Blockhütte oder nicht?, fragte ich Jeremy.
Er antwortete: Ja, aber wir brauchen viel mehr Holz. Das von der Pappel wird nicht reichen.

Bonsai

In dem Haus hinterm Tannenwäldchen ging's mal wieder unerfreulich zu. Die Frau hatte sich supertraurig ins Bett gelegt, und der Mann hatte die Schlafzimmertür von außen zugenagelt. Er wollte sie verhungern lassen.
Zum Glück gab es ein kleines Fenster, durch das die Frau zwei Tage später flüchten konnte. Sie kroch dreihundert Meter weiter beim Nachbarn unter. Das war der Förster Giacomo, ein Nachfahre südländischer Einwanderer, die ihren Sohn eines Tages in den Wald gebracht hatten, als er keine Lehrstelle finden wollte. Bau dir hier was Schönes auf!, hatten sie ihm geraten, und das hatte er getan. Gegen sein windschiefes, total verdrehtes Försterhaus waren Frank O. Gehrys Werke Statistiken der Fantasie. Er also gewährte Eloa Schneckenkorn Unterschlupf. Aber nur zwei Tage oder höchstens drei, sagte er gleich, denn am Wochenende kommt meine Verlobte Kim Clijsters zu Besuch, da will ich keine Schwierigkeiten!
Kim Clijsters?, fragte Eloa zweifelnd. Die ist doch mit diesem australischen Tennisspieler zusammen, wie heißt er?
Leyton Hewitt, sagte Giacomo. Ja, ja. Das ist nur für unterwegs. Kim ist die meiste Zeit auf Tour, sie ist noch jung, mein Gott! Sie soll ja nichts versäumen. Aber ihr Herz gehört mir!

Es klingelte.
Giacomo schaute aus dem Fenster. Da steht dein Mann mit einem Strauß aus Mohn und wilder Gerste, was hat das zu bedeuten?
Das bedeutet, sagte Eloa: Vergessen wir's, es war ja nicht der erste Streit, komm, lass uns wilde Liebe machen!
Lass ihn ruhig rein, es ist ja alles wieder gut.
Giacomo ließ Jao Schneckenkorn in sein fantastisches Haus. Der hatte es noch nie von innen gesehen und sagte: Nicht schlecht, aber das viele Rot macht einen doch verrückt, oder?
Giacomo hörte gar nicht hin. Er war so enttäuscht, dass Eloa nicht noch länger bei ihm bleiben wollte, dass er gedankenlos in seinen Garten blickte, wo eine instinktlose Meise das Nikotinwasser aus einem vollgeregneten Aschenbecher nippte und wegflog.
Jao und Eloa verabschiedeten sich, und als sie schon draußen waren, rief Eloa noch: Und danke für alles!
Hör auf, bat Jao, sonst denkt er noch, du liebst ihn.
Zu Hause war alles beim Alten, nur die Uhr tickte viel lauter als früher.
Was ist denn mit der Uhr los?, fragte Eloa.
Ich habe sie an einen Verstärker angeschlossen, sagte Jao, damit uns die Vergänglichkeit bewusster wird.
Da legte sich Elea sofort wieder traurig ins Bett, aber das laute Ticken ließ sie nicht zur Ruhe kommen. Jetzt müsste irgendjemand an die Tür klopfen, dachte sie noch, da pochte es schon laut.
Jao öffnete die Tür, und vor ihm stand ein kleiner Mann mit blutigen Fingern.
Warum haben Sie nicht geklingelt?, fragte Jao. Wir haben eine total lustige Klingel. Hören Sie mal! Er drückte auf

den Knopf, und es ertönte ein abartig lauter Hahnenschrei.
Jao drückte noch mal und noch mal. Lustig was?
Ich bin zu klein, sagte der kleine Mann, und er zeigte Jao, dass er auch auf Zehenspitzen und ganz ausgestreckt die Klingel nicht erreichen konnte.
Ist der niedlich, entfuhr es Eloa, als sie den kleinen Mann erblickte. Lass ihn uns behalten, Jao! Er könnte putzen und die Steckdosen bewachen.
Der Kleine lächelte gequält. Gnädige Frau, entschuldigen Sie bitte. Aber ich habe schon einen Beruf.
Sie haben einen Beruf? Eloa lachte. Im Zirkus oder was?
Der kleine Mann öffnete seine schwere braune Ledertasche und holte einen Packen Ansichtskarten hervor. Diese Bilder haben Behinderte von Behinderten gemacht, und der Verkaufserlös kommt ihnen auch zum Teil zu Gute.
Das sind ja Pornobilder!, empörte sich Jao leidenschaftslos.
Nein, sagte der kleine Mann. Das sind künstlerisch wertvolle Aktfotografien. Das mundgemalte Zeug will keiner mehr kaufen.
Versteh ich, sagte Eloa und sah Jao fragend an. Er zuckte mit den Schultern.
Wissen Sie, sagte Eloa, uns hängt dieser ganze Pornoquatsch zum Hals heraus. Aber Sie tun uns Leid, was soll der Scheiß denn kosten?
Zehn Bilder zwanzig Euro, sagte der kleine Mann. Und wenn Sie die Karten nicht verschicken wollen, können Sie sie im Garten vergraben, sie verrotten rückstandslos.
Gut, sagte Jao, wir nehmen Ihnen einen Packen ab, aber nur wenn Sie ein wenig für uns tanzen.

Jetzt gleich?, fragte der kleine Mann. Hier auf der Schwelle?
Nein, sagte Jao. Auf dem Küchentisch. Kommen Sie bitte rein und ziehen Sie bitte Ihre schmutzigen Stiefelchen aus oder besser umgekehrt.
Der Kleine zog seine Stiefelchen aus, lehnte seine Tasche an den Schirmständer und folgte dem Paar in die Küche. Eloa machte auf dem Tisch rasch Platz, und Jao ging zum Plattenspieler.
Soll es ein moderner Ausdruckstanz werden?, fragte der kleine Mann oder Jazzdance oder Breakdance oder Techno oder etwas Folkloristisches, was wollen Sie sehen und welche Musik soll es sein?
Pretty Belinda, sagte Jao. Das ist mein Lieblingslied.
O.k., sagte der kleine Mann. Jao ließ die Nadel sinken, und der kleine Mann legte so was von los, dass Jao und Eloa fast erstarrten. Er zauberte ein Feuerwerk aus Anmut und Eleganz auf den Quadratmeter Küchentisch, wie die beiden es noch nie zuvor gesehen hatten, obwohl sie große Madonna- und Michael-Jackson-Fans waren. Aber solche magischen Bewegungen hatten sie noch nie erlebt. Es war sensationell.
Und das zu diesem doofen Schlager!, dachte Eloa. Das ist phänomenal! Als das Lied vorüber war, verbeugte sich das Männchen und stieg vorsichtig vom Tisch. Eloa und Jao applaudierten.
Toll!, sagte Jao. Warum verdienen Sie denn damit nicht Ihr Geld?
Ich kann das nicht immer, erklärte das Männchen, nur wenn es nicht anders geht, verstehen Sie?
Verstehe, sagte Jao, da muss Verzweiflung dabei sein, oder?

Der Kleine nickte. Und außerdem sind meine Hüften nicht mehr die besten, wissen Sie. Er ging in den Flur und holte einen Packen Karten aus der Tasche. Ich muss weiter.
Eloa holte ihr Portemonnaie. Ich hab nur große Scheine! Guck du mal, ob du's kleiner hast, bat sie ihren Mann. Doch Jao hatte nur noch kleine Münzen.
Der Kleine sagte: Oh, wie dumm! Ich habe gar kein Wechselgeld. Er überlegte ... Dann nehmen Sie doch fünf Packen, schlug er vor, die kann man auch verschenken!
Ach was!, sagte Eloa. So was kann man nicht verschenken.
Oder als Lesezeichen, sagte das Männchen. Oder für den offenen Kamin. Er wies mit seinem Kinn in Richtung Feuerstelle.
Wir haben so viel Holz, sagte Jao, und zum Lesen fehlt uns die Zeit. Er warf die Münzen auf den Tisch und zählte. Elf Euro 86 Cent. Das können Sie alles haben. Dann machen sie immer noch ein gutes Geschäft bzw. die Verbrecher, für die Sie arbeiten.
Der kleine Mann legte die Karten auf den Tisch und strich das Geld in seine Händchen, was nicht so einfach war, der Tisch hatte ja Standardhöhe. Einige Münzen fielen auf den Boden.
Eloa hob sie auf und stopfte sie ihm in den Brustbeutel. Wollen Sie noch einen Apfel für unterwegs oder eine Milchschnitte, die ist gut für die Knochen!
Sehr gerne, sagte das Männchen, ich nehme beides. Danke und auf Wiedersehen! Gibt es hier noch andere Menschen?
Den Förster, sagte Eloa. Sein Haus steht hinter dieser Fichtenschonung, da gehen Sie den Sandweg einfach weiter, dann finden Sie es rechter Hand.

Der kleine Mann zog los. Das Paar schaute ihm nach.
Er hinkt, sagte Eloa.
Ja, sagte Jao. Je weiter er weg ist, desto mehr fällt es auf.
Aber nur bis zu einem bestimmten Punkt, wandte Eloa ein.
Sie schloss die Tür. Lass uns der Toten des Zweiten Weltkriegs gedenken!, schlug sie vor.
Wieso?, fragte Jao.
Einfach so, rief Eloa. Sie hatte oft so abgefahrene Ideen ohne Zusammenhang.

Slums

Ich gehe gerne in die SfG (Schule für Große), denn da bekomme ich sehr viele Anregungen, und die Lehrer sind sehr engagiert. Manchmal bringen sie wunderbare Sachen mit, z. B. Weidenkätzchen. Hier, könnt ihr mal streicheln! Dann streicheln wir die Weidenkätzchen und sagen: Krass! Das fühlt sich geil an, gut und weich und labil.
Wieso labil?, fragt der Lehrer.
Dann bin ich überfordert. Wenn es sich nun aber mal labil anfühlt, sage ich.
Ihr sollt keine Wörter benutzen, die ihr nicht versteht, befiehlt der Lehrer. Wie oft soll ich das denn noch wiederholen?
Manchmal sagt ein Lehrer auch: Ich hab kein Geld. Könnt ihr mir mal was leihen? Dann legen wir zusammen. Oder ein anderer: Meine Frau hat einen Neuen. Will eine von euch mit mir gehen?
Und wenn der Lehrer autoritär ist und Witze erzählen kann, meldet Gina sich. Dann geht sie mit dem Lehrer. Es gibt auch eine Lehrerin, Frau Vagner (mit V). Sie unterrichtet Blumenmalen. Mal bringt sie eine Blume mit, mal gehen wir raus und gucken intensiv in die Vorgärten, um uns die mannigfaltigen Formen und Farben einzuprägen. Oft malen wir Tulpen. Die sind am besten, sagt Frau Vagner. Wenn wir

Tulpen mit großer Leuchtkraft malen und gut hinbekommen, ist sie zufrieden und sagt: Das strahlt in euer Leben!
Wenn man aber einen schlechten Tag erwischt hat oder die Zigarette ständig ins Wasser fällt, oder wenn man wütend ist und rumschmiert, oder wenn man auch nur nicht so richtig leuchtende Farben nimmt oder Pastelltöne, oder wenn mal eine Träne darauftropft oder Schweiß, oder wenn sich im Sommer mal ein Vogel verirrt und mit den Flügeln was verwischt, oder wenn der Nebenmann aus Neid mal draufspuckt oder Ocker oder Schwarz darübersprenkelt, und sogar wenn man nur mal Rosa nimmt, ein ganz normales Rosa, das kann sie gar nicht leiden, dann sagt sie: Da kannst du ja gleich einen Slum malen!
Als wir noch nicht wussten, was das ist, dachten wir, ein Slum sei ein ekliges Tier. Da haben wir aus Spaß und auch um sie zu ärgern, in der Pause ganz viele Slums mit Filzer auf die Tische gekritzelt, und dann hat sie uns aufgeklärt.
Heute war Sven-Dennis dran: Er hatte eine geknickte Tulpe gemalt. Da kam ihr Satz. Sven-Dennis hat das ganze Bild verschmiert und angefangen, einen Slum zu malen mit ganz viel Braun und Grau.
Frau Vagner wollte ihm das Blatt erst wegnehmen, doch dann hat sie es sich anders überlegt und gesagt: Na, gut. Dann malen heute alle Slums! Wir konnten es erst gar nicht glauben. Endlich, endlich durften wir was Neues machen! Doch dann kam die Ernüchterung: Wir konnten keine Slums!
Alle malten baufällige Hütten mit Dächern aus Alditüten und Türen aus Kotflügeln, in denen traurige Menschen saßen, aber Frau Vagner meinte, das sähe ja aus wie der Stall von Bethlehem, da fehlten ja nur noch der Ochs und der Esel.

Und die Schafe!, rief Sven-Dennis.
Und die Hirten, sagte ich.
Und die Engel, sagte Gina.
Schluss jetzt!, rief Frau Vagner. Ich weiß, dass ihr euch mit Weihnachten gut auskennt, da gibt's ja auch Geschenke! Aber einen Slum habt ihr euch offensichtlich noch nie richtig angesehen. Ich komm gleich wieder! Sie ging ins Lager und brachte Fotobücher mit. Die haben wir uns angeschaut. Und dann, sagte Frau Vagner zum Schluss, stellt euch mal bitte den Gestank vor! Der muss in so ein Slumbild auch mit einfließen.
Wir legten los! Endlich konnten wir mal so richtig rumsauen, mit Grau und Schwarz und Braun und allen Farben durcheinander. Hans mischte sogar Popel unter, Frau Vagner sagte nichts.
Sie spürte, dass unsere Kreativität viel besser war als sonst. Erst als Sabrina mit ihrem Tampon ein Abendrot auftupfen wollte, schritt sie ein: Das ist doch viel zu romantisch! Sie nahm Sabrinas Pinsel und klatschte ein dreckiges Olivgrüngrau auf die untergehende Sonne, und dann zauberte sie mit ein paar schnellen Bewegungen den Qualm der Müllkippen an den Horizont. Die kann schon was! Dann waren alle fertig.
Am nächsten Tag hängten wir wie üblich die trockenen Bilder nebeneinander auf die Leine. Die Bilder waren gut, aber es war kein schöner Anblick. Wir waren alle still und traurig.
Seht ihr, sagte Frau Vagner, wie diese Bilder eure Seelen verdunkeln?
Wir nickten. Das kommt davon, wenn man sich auskotzt und gute Energie für die Abbildung von Schmutz und Exkrementen vergeudet! Wir nickten immer noch.

Und jetzt nehmt das Zeug und reißt es in klitzekleine Stücke!
Wir erschraken.
Frau Vagner, meldete sich Bernhard, wir haben uns so große Mühe gegeben, und ich muss gestehen, es hat auch Spaß gemacht.
Spaß gemacht!, rief Frau Vagner. Slums malen macht dir Spaß!?
Bernhard schämte sich.
Lizzy ergriff das Wort: Mir hat es auch Spaß gemacht! Warum soll man sich denn nicht einmal austoben?
Warum tobt ihr euch nicht mal beim Tulpenmalen aus?, fragte Frau Vagner gleich zurück. Das möcht ich mal erleben, dass der Raum vor Helligkeit knistert, vor Farbigkeit vibriert!
Was heißt fiebriert?, fragte Angelika. Kommt das von Fieber?
Tu nicht so unwissend!, schimpfte Frau Vagner. Du weißt doch bestimmt was ein Vibrator ist, oder?
Klar, sagte Angelika.
Na, also, wo war ich stehen geblieben?
Beim Tulpenmalen, sagte Hans.
Ach, ja. Frau Vagner schwieg. Na gut, sagte sie schließlich. Wenn ihr so sehr an diesen Bildern hängt, dann schneiden wir die Tulpen von gestern und von vorgestern und die von vorvorgestern eben aus und kleben sie auf die Slums. Sven-Dennis brummelte was.
Was brummelst du denn noch, fragte Frau Vagner. Los, sag es laut. Wir wollen es alle hören!
Unser Slum soll schöner werden, sagte Sven-Dennis.
Exakt!, lachte Frau Vagner. Holt eure Scheren raus!

Mein liebstes Hobby

Manchmal, wenn ich Zeit habe, nehme ich herzzerreißende Lieder auf meinen Kassettenrekorder auf. Es sind Lieder, die ich selbst singe und die im Augenblick des Singens erst entstehen, also keine vorkomponierten Sachen. Die zumeist englischenTexte ergeben sich spontan von Wort zu Wort und handeln von Banditen, denen übel mitgespielt wurde, oder von schönen Frauen aus ganz Europa. Sie können aber auch völlig sinnlos sein, wirr und unstrukturiert, das ist egal, Hauptsache, sie sind herzzerreißend!
Die Kinder schließen dann die Küchentür (ich singe meistens in der Küche), damit sie ungestört VIVA & MTV gucken können, und mir ist das ganz recht, weil klar wird: Hier ist die Welt der Popmusik zu Ende! Hier hört der Mainstream auf! Auch meine Frau verlässt dann oft die Wohnung mit dem Kleinsten, sei es zum Spazierengehen, sei es, weil ihr einfällt, dass wir einen neuen Korkenzieher brauchen.
Ich singe ohne Instrument, das wäre viel zu starr, ich meine jetzt rein körperlich – wie kann ich mich denn frei bewegen mit einer Gitarre um den Hals, die würgt den Nacken und zieht den ganzen Oberkörper runter, wenn man empfindsam ist. Klaviere sind noch schlimmer. Sie sind durch ihr schieres Gewicht so unerträglich statisch, da könnte ich

mir gleich ein Auto an die Zunge binden, mir geht es ja um Freiheit, um Ungebundenheit, Erlösung usw. Die Seele soll sich ganz entfalten! Ein Maler namens Wolfgang Schulze hat gesagt, der Mensch kann nur im Liegen wirklich kreativ sein, das hört sich klasse an. Aber ich glaube, man sollte den Erdanziehungskräften weniger Angriffsfläche bieten, also ich stehe lieber. Hört sich an wie Canto Jondo, sagte mal ein tschechischer Gitarrist zu mir. Er hieß Jiri, und er war betrunken. Er trommelte mit den Fingern auf dem Küchentisch herum. Ich sagte: Jiri, es macht mir nichts aus, vor Publikum zu singen, aber es muss absolut still sein. Fremde Rhythmen kann ich nicht gebrauchen! Ich holte ihm ein neues Bier aus dem Kühlschrank und gab ihm ein Buch mit Reproduktionen hyperrealistischer amerikanischer Gemälde, da war er eine Weile ruhig. Von wegen Canto Jondo – da hatte er schon Recht! Aber nur weil ich einen traurigen Tag erwischt hatte, und an traurigen Tagen klingt mein Gesang sehr leidend, das mag ich eher nicht. Herzzerreißend ja – todtraurig nein! Außerdem möchte ich nicht als Ethno-Depp dastehen. Es gibt genügend Pflaumen, die das Weltkulturerbe aus Einfallslosigkeit plündern, ich hasse dieses Tangopack, diese Bauchtanzratten und japanischen Jodelkröten und deutschen Rastarudis. Ich kann mich doch nicht hinstellen und einen auf Flamenco machen! Bin ich aus Malaga? Bin ich Zigeuner?

Ich seh das aber nicht so eng, wie's sich jetzt anhört, denn zum Singen ziehe ich immer einen Poncho an, den mir eine chilenische Freundin mal gestrickt hat, als sie im Berliner Winter unter Depressionen litt. Er ist halb altrosa, halb ocker-violett. Ich brauche ihn, um Wärme zu entwickeln und auch, um meine Aura vor bestimmten Vibrationen abzuschotten, die auf der nördlichen Halbkugel leider häufig

auftreten. Sie schaden dem nötigen Selbstbewusstsein und machen es, erst recht bei Vollmond, unmöglich, die Stimme zu erheben. Ausgelöst werden solche ätzenden Einflüsse durch Sprüche wie: Der kann ja gar nicht singen, oder: Sonst isser ja ganz nett.
Dagegen hilft der Poncho, und wie gesagt: Am besten klingen meine Lieder, wenn sie die Waage halten zwischen Fröhlichkeit und Schwermut, Lust und Schmerz. Zwischen Schwachsinn und Starkstrom hat meine Frau einmal gesagt, aber da war ich so betrunken, dass ich mich setzen musste, und im Sitzen nehme ich grundsätzlich keine Lieder auf, das hört sich echt gequetscht an wie Grönemeyer und Naidoo zusammen, das muss man ja nicht konservieren. Ich habe auch noch andere Hobbies, aber das Singen ist mein liebstes. Ich stell mir immer vor, wenn ich mal alt bin, dann sitz ich irgendwo im Grünen unter einem Holunderbusch wie mein Großvater. Der knallte Amseln und Stare ab, die seine Kirschen stahlen. Ich würde den Vögeln meine Lieder vorspielen, um mich endlich für all die unvergesslichen Stimmen aller Frühlinge und Sommer zu revanchieren, die ich erleben durfte, und wenn dann irgendeine Nachbarin vorbeischaut und mich fragt: Sagen Sie mal, sind Sie eigentlich vom Free Jazz beeinflusst?, dann werde ich präzise antworten: Beeinflusst schon, aber ursprünglich komme ich vom Beten.

Die blaue Sau

Paul und Ullrich wollten eine Künstlergruppe gründen, aber sie waren sich noch nicht sicher, was für Künstler sie sein sollten. Paul fand Performance gut, Ullrich Malerei. Ihre Freundin Ramona, die keiner Gruppe angehören wollte, schlug vor, Ullrich solle Bilder malen, die Paul dann hochhalten könne. Du rufst: Das sind die besten Bilder der Welt! Und dann kritzelst du mit einem dicken Edding irgendwas drauf, Symbole oder Wörter wie zum Beispiel Fieber oder Sittengemälde.
Glaubst du, ich lass mir meine Bilder vollschmieren?, fragte Ulli lachend. So wird das nichts!
Nee, pflichtete Paul ihm bei. Ich kann doch Ullis Bilder nicht einfach überkritzeln, da steckt so viel Liebe drin!
Eben deshalb!, rief Ramona. So eine Aktion soll uns ja schließlich die Lage des modernen Menschen vor Augen führen! In jedem Leben steckt so viel Liebe und Hingabe. Es müsste eigentlich schön sein. Doch irgendwie ist alles überkritzelt und verschmiert wie die Garagenwand von Onkel Stark.
Ramona!, stöhnte Ullrich. Du kannst das Leben doch nicht mit einer Garagenwand vergleichen. Nicht mal mit einer ganzen Garage mit einem Auto drin und Werkzeug und Ersatzreifen und alles! Das Leben ist viel mehr!

Ramona verdrehte die Augen. Weiß ich doch, du Popstar!
Nenn mich nicht immer Popstar, rief Ullrich gereizt.
Schluss jetzt!, sagte Paul. So kommen wir nicht weiter. Eine Künstlergruppe, die nur rumquatscht, ist langweilig. Dieses Gerede blockiert unsere Kreativität. Wenn wir uns nicht auf eine Kunstform einigen können, muss das ein anderer tun. Ramona soll entscheiden!
Ullrich war einverstanden.
Ramona sagte: Malen.
Dann brauchen wir aber auch einen schönen Namen, ging Paul gleich weiter. Wie findet ihr: Der fliegende Pfeil?
Klingt zu sehr nach Indianer, meinte Ullrich. Das nimmt dann niemand ernst.
Wie findet ihr: Die Made?, fragte Ramona.
Iiih!, rief Paul. Wie kommst du denn auf die Idee?
Dann könntet ihr eure Bilder mit ›Made in Germany‹ signieren, das wäre supereinprägsam.
Peinlich, sagte Ullrich. Peinlich.
Er dachte nach. Vielleicht sollten wir uns an einem Vorbild orientieren?
Sie überlegten.
Der blaue Reiter?, fragte Paul.
Ja, ja!, rief Ullrich. Die Richtung stimmt! Wir nennen uns ›Der blaue Gleiter‹!
Ja, ja!, rief Paul, das isses!
Zu verspielt, urteilte Ramona hart. Das klingt wie der Name einer Comic-Figur!
Stimmt, sagte Paul. Es müsste kürzer gehen.
Die blaue Sau!, schrie Ullrich. Wie findet ihr ›Die Blaue Sau‹?
Nicht abgefuckt genug, fand Ramona. Und blau ist sowieso zu sehr vorbelastet! Wie findet ihr ›Das Rote Unterhemd‹?

Also hör mal, sagte Ullrich. Ich möchte keiner Künstlergruppe angehören, die ›Das rote Unterhemd‹ heißt.
Da schaute seine Mutter rein. Stellt euch vor: Sie haben Onkel Starks Garagenwand schon wieder vollgeschmiert! Er hatte sie erst letzte Woche neu gestrichen.
Stör uns jetzt nicht, Mutter, bat Ullrich. Wir gründen gerade eine Künstlergruppe.
Ich meine ja nur, sagte Frau Seul. Wenn ihr fertig seid, könnt ihr mal rübergehen zu Onkel Stark und ihm eure Hilfe anbieten. Er ist so ein netter Nachbar. Aber in letzter Zeit habe ich das Gefühl, er glaubt, ihr könntet etwas mit den Schmierereien zu tun haben. Er grüßt nicht mehr von selbst!
Mutter!, rief Ullrich. Wir müssen uns konzentrieren!
Schon gut, murmelte Frau Seul und schloss die Partyraumtür. Also, nahm Paul den Faden wieder auf. Ich bin für ›Die blaue Sau‹. Das ist abgefuckt genug.
Was habt ihr bloß mit abgefuckt?, rief Ullrich. Was ist das überhaupt genau?
Ramona grinste. Na, klasse! Künstler sein wollen und denn nicht mal wissen, was abgefuckt bedeutet!
Was heißt es denn?
Ramona dachte nach. Also, pass auf! Wir gehen zu Onkel Stark und helfen ihm, die Tags wegzumachen und die Wand zu streichen, und morgen sprühen wir ganz groß drauf: Diese Wand bitte freilassen! Das ist abgefuckt.
Paul war beeindruckt. So genau hatte er die Bedeutung von abgefuckt gar nicht gekannt. Auch Ullrich nickte anerkennend. Sie prosteten sich zu.
Wir überlegen morgen weiter, rief Paul.
Ja, sagte Ullrich. Eine Künstlergruppe kann sich ruhig Zeit lassen.

Nettes Wetter

Wenn Bush den Krieg im Irak beginnt, fress ich mich fett!, sagte Frau Golz.
Herr Golz verzog den Mund zu einem weiten Grinsen. Du suchst ja nur einen Grund! Friss dich doch einfach so fett. Und lass die große Politik aus dem Spiel! Du kannst dich ruhig fett fressen, ich steh auf mollige Frauen, das weißt du!
Frau Golz warf ihrem Mann einen giftigen Blick zu, dass sie selbst ganz grün im Gesicht wurde. Herr Golz wusste nämlich, dass seine Frau Liebeskummer hatte, weil ihr heimlicher Liebhaber sie nicht mehr wollte. Er hatte es vom Zeitungsmann erfahren, der wusste immer alles.
Frau Golz war so geladen, dass sie beschloss, im nahe gelegenen Park einige Sträucher auszureißen. Sie warf sich ihre rosa Regenjacke über und rannte durch den milden Nieselregen in den Park. Da stand Herr Kestner mit seiner Pudeldame Anjelica, mit J und C wie Anjelica Huston. Frau Golz und Herr Kestner kannten sich seit ihrer gemeinsamen Grundschulzeit. Sie grüßten sich und sprachen übers Wetter. Herr Kestner fand es nett.
Nett?, fragte Frau Golz. Du findest Nieselregen nett? Du warst doch sonst nicht so gestört!
Gestört? Herr Kestner blickte zu Boden. Geh weiter!, bat er. Ich kann die Scheiße nicht mehr hören!

Anjelica knickte die Hinterbeine etwas ein und urinierte auf den frischen Rindenmulch.
Dann mach's mal gut, sagte Frau Golz.
Du auch, erwiderte Herr Kestner und wollte weitergehen, aber Anjelica pinkelte immer noch.
Frau Golz war zwanzig Meter weg, da blickte sie über die Schulter. Das gibt's doch nicht!, dachte sie. Wie lange pisst die Töle denn noch? Es war schon Mitte November, und die Büsche waren schon sehr kahl. Wenn sie jetzt welche ausreißen würde, könnte Herr Kestner sie sehen. Sie ging an eine Birke und tat so, als würde sie die Rinde interessieren.
Herr Kestner wunderte sich schon: Was macht denn die Roswitha da? Und unten plätscherte es immer noch. Anjelica sah hoch zu ihrem Herrchen, und ihr Blick sagte: Hilf mir bitte! Das ist doch nicht normal!
Frau Golz blickte erneut über die Schulter, jetzt war es ihr egal! Sie packte den erstbesten Jasminstrauch und riss ihn aus dem Boden. Dann kam ein Liguster dran und dann ein Kirschlorbeer. Noch ein Liguster.
Jeden Strauch schlug sie ein paar Mal gegen einen Baumstamm, bis die Erde von den Wurzeln abgefallen war. Dann gab sie Ruhe.
Sie wischte sich mit dem Ärmel ihrer Regenjacke den Schweiß von der Stirn und sah zu Kestner rüber. Sein Hund pinkelte immer noch. Er winselte schon. Herr Kestner stand nur da.
Roswitha Golz ging hin. Was ist denn mit deinem Hund los, Herbert? Der pisst ja den ganzen Park voll! Deine Schuhe haben sich schon vollgesogen!
Herr Kestner sah auf ihre Gummistiefel und sagte kraftlos: Das macht sie zum ersten Mal. Bitte ruf die Feuerwehr.

So weit kommt's noch, sagte Frau Golz und nahm ihm die Leine aus der Hand. Sie zog den Hund vom Fleck, und augenblicklich beendete Anjelica ihr kleines Geschäft und hörte auch zu winseln auf.
Weiß doch jeder, rief Frau Golz, dass es total magnetische Stellen gibt, die Wasser magisch anziehen.
Ist denn magisch und magnetisch das Gleiche?, fragte Herr Kestner.
Woher soll ich das wissen, entgegnete Frau Golz. Du fragst ja Sachen!
Herr Kestner übernahm die Leine und sagte: Danke, Roswitha! Ohne dich wäre Anjelica gestorben.
Ja, sagte Frau Golz. Lass sie zu Hause ganz viel trinken, hörst du?
Ja, sagte Herr Kestner. Und übrigens – das mit Ronny tut mir Leid! Du bist ja immer noch verrückt nach ihm, oder?
Frau Golz nickte.
Tja, sagte Herr Kestner, da kann man nichts machen. Wenn sie einen nicht mehr wollen, dann ist es eben aus! Das war mit meiner Frau genauso.
Und wie bist du darüber weggekommen?, fragte Frau Golz.
Gar nicht, antwortete Herr Kestner. Ich schlafe immer noch auf einer Rigipsplatte.
Wie bitte?, fragte Frau Golz. Du schläfst auf einer Rigipsplatte? Und wie deckst du dich zu?
Auch mit einer Rigipsplatte, sagte Herr Kestner.
Warum? Sie sah ihn mit Befremden an.
Ich weiß es nicht, sagte der traurige Mann. Ich weiß es wirklich nicht. Vielleicht hängt es ja damit zusammen, dass sich meine Frau wegen der dünnen Wände damals in unse-

ren Nachbarn verliebte. Wenn sie ihn beim Orgasmus brüllen hörte, flüsterte sie immer ganz verzaubert: Hör mal, Herbert! Der geht aus sich heraus! Ich glaube, der geht ganz aus sich heraus! Meine Frau war ja ein großer Opernfan. Aber ich will dich nicht länger aufhalten, Roswitha! Er reichte ihr die Hand. Ach, was ich dich noch fragen wollte? Warum hast du vorhin die Büsche ausgerissen?
Ich wollte einfach mal wieder ein paar nackte Wurzeln sehen, sagte Frau Golz. Und jetzt lass mich endlich los. Ich bin so hungrig wie – ihr fiel das Wort nicht ein.
Na, wie ein Wolf!, sagte Herr Kestner. Und nochmals vielen Dank!
Ja, bitte!, rief Frau Golz.

Der Unfall

Sebastian war beim Joggen auf einer toten Ratte ausgerutscht. Es war nasskaltes Wetter, und der Kadaver war sehr glitschig gewesen. Er wusste sofort, dass er sich das rechte Schlüsselbein gebrochen hatte, denn er hatte sich schon dreimal ein Schlüsselbein gebrochen, allerdings bei Stürzen vom Fahrrad.

Jetzt also das erste Mal beim Joggen.

Wie ist es denn passiert?, fragte die Krankenschwester bei der Aufnahme.

Sebastian war die Sache ziemlich peinlich, und er wollte schon sagen: Ach, einfach so eben. Aber dann sagte er: Stellen Sie sich vor, ich bin auf einer toten Ratte ausgerutscht! Das kann auch nur mir passieren!

Die Krankenschwester lächelte. Sagen Sie das nicht! Ich zum Beispiel bin einmal auf der Flucht vor meinem damaligen Verlobten auf einem Eichhörnchen ausgerutscht. Dadurch hätte er mich fast erwischt. Aber ich hatte Handschuhe an und hab ihm den pelzigen Matsch voll in die Fresse gefeuert.

Bravo!, sagte Sebastian, obwohl er die Zusammenhänge ja gar nicht kannte.

Die Krankenschwester brachte ihn in den Behandlungsraum, und als der Arzt ihn nach der Ursache seiner Verlet-

zung fragte, sagte Sebastian schon wieder: Stellen Sie sich vor, ich bin auf einer toten Ratte ausgerutscht. Das kann auch nur mir passieren!
Sagen Sie das nicht, meinte der Arzt und betastete behutsam die schmerzende Stelle. Ich bin im Urlaub mal auf einer toten Katze ausgerutscht, und wissen Sie, was das Beste war?
Sebastian schüttelte den Kopf.
Die Spanier kamen angerannt und meinten, ich hätte die Katze totgetreten. Die Besitzerin der Katze machte einen Riesenaufstand, und die Guardia Civil war auch schon da. Das hat mich einige Peseten gekostet!
Sebastian staunte.
Wir müssen den Bruch röntgen, entschied der Arzt und brachte ihn ins Röntgenzimmer.
Na, fragte die Schwester, wie ist das denn passiert?
Ach, sagte Sebastian, ich bin auf einer toten Ratte ausgerutscht. Das kann auch nur mir passieren! Er war schon sehr gespannt.
Sagen Sie das nicht, sagte die kräftige Frau. Ich bin bei einem Querfeldeinlauf einmal auf einer toten Kuh ausgerutscht. Sie band Sebastian die Bleischürze um. Ich bin ihr aufs Euter gelatscht und dann in die Rippen gekracht. Seitdem reagiere ich auf Milchprodukte allergisch!
Das glaub ich Ihnen gern, sagte Sebastian. So etwas Fieses passiert einem ja auch nicht alle Tage.
Sagen Sie das nicht, wandte die Röntgenschwester ein. Keine zwei Wochen später bin ich bei einem Strandmarathon in Übersee auf einem toten Pottwal ausgerutscht.
Wahnsinn!, dachte Sebastian. Es gibt also immer noch eine Steigerung!
Der war schon nicht mehr frisch, fuhr die gesprächige Frau

fort. Es kam mir vor wie eine Ewigkeit, bis ich mich aus der stinkenden Masse wieder ans Mondlicht gekämpft hatte.
Ach, ein Nachtlauf!, rief Sebastian.
Ja, natürlich, meinte die dunkelhaarige Frau. Tagsüber hätte ich das Viech ja wohl gesehen. Aber nachts mach ich beim Laufen gern die Augen zu und träum dann vor mich hin. Ich bin nämlich romantisch, wissen Sie?
Ich auch, sagte Sebastian.
Das kann jeder sagen, lachte die Röntgenschwester, auch Jörg Pilawa oder Roland Koch!
Auch Sven Hannawald, sagte Sebastian.
Auch Katy Karrenbauer!, rief die Röntgenschwester.
Auch George Bush!, rief Sebastian. Die Namen flogen hin und her.
Sie haben Recht, sagte Sebastian, als ihm schon nichts mehr einfiel. Das kann wirklich jeder sagen. Und dann lud er die Röntgenschwester zu einem CandleLight-Dinner ein.
Aber erst, wenn der Verband wieder ab ist, sagte die Frau. Ich seh genug Elend.
Ja, gut, sagte Sebastian. Ich schau dann mal vorbei!

Etwas wie Freude

Madeleine Schabrowski hatte ein Suppenhuhn unter ihr Bett gelegt, damit es dort in aller Ruhe schöne Eier legen konnte.
Als sie nach einer Woche hungrig nachsah, musste sie feststellen, dass sie das Suppenhuhn gar nicht ausgepackt hatte, wo doch jeder weiß: Eingepackte Suppenhühner legen keine Eier, sondern gammeln nur so vor sich hin.
Aber Madeleine Schabrowski war verrückt.
Sie nagelte das eingepackte Suppenhuhn zur Strafe von außen an die Wohnungstür, obwohl es auch schon stank.
So brachte sie die anderen Hausbewohner völlig unbeabsichtigt gegen sich auf. Sie klingelten Madeleine am Sonntagnachmittag aus dem Bett, und der Hausmeister forderte sie auf, sofort das Huhn von der Tür zu nehmen und es in den Müll zu tun.
Ich habe keinen Müll, sagte Madeleine bockig. Ich esse nur Äpfel, und die esse ich ganz auf.
Auch die Stiele?, fragte Frau Henz von obendrüber.
Die Stiele schmeiß ich vom Balkon, sagte Madeleine provozierend.
Schon gut, Frau Schabrowski, sagte der Hausmeister.
Er war gutmütig und wusste, dass Madeleine verrückt war.

Dann tun Sie Ihr Suppenhuhn doch einfach in unseren Müll, und fertig!
In Ihren Müll?, rief Madeleine. Mein gutes Suppenhuhn in ihren ekligen, dreckigen Müll?
Du abartige Schlampe, sagte Herr Ritschl von untendrunter, nimmst jetzt sofort das Tier da weg und ... Herr Ritschl!, flüsterte der Hausmeister. Ganz ruhig! Wir sind zivilisierte Menschen! Er wusste, dass es keinen Sinn hatte, mit einer Verrückten so roh zu sprechen.
Er sagte: Schauen Sie, Frau Schabrowski, Ihr Huhn ist ja noch eingepackt. Selbst wenn Sie es in unseren dreckigen Müll tun, kann es nicht schmutzig werden!
Madeleine Schabrowski wurde wütend. Finden Sie es richtig, tote Tiere einfach in den Müll zu tun? Sie haben wohl vor nichts mehr Achtung, nicht mal vor dem Tod!
Herr Ritschl wollte etwas sagen, aber der Hausmeister fasste seinen Arm, drückte ihn engagiert.
Na gut, Frau Schabrowski, sagte er. Dann werden wir Ihr Huhn im Hinterhof beerdigen. Ich hol schon mal die Schaufel, Sie nehmen es dann ab.
Aber nur, wenn alle beten und andächtig drumrum stehen!, sagte Madeleine.
Nun merkten auch die anderen, dass Madeleine verrückt war.
Sogar Herr Ritschl schwieg betreten, und der Hausmeister holte die Schaufel. Frau Merk holte aus ihrer Wohnung einen geräumigen Karton mit Styroporflocken, und in diesem Sarg wurde Madeleine Schabrowskis Suppenhuhn beerdigt.
Der Hausmeister hielt eine wirklich gute Grabrede. Er sprach von der geschundenen Kreatur, der kalten Welt und ihrer Gier nach immer mehr, vom Glauben an den Fort-

schritt, vom Leben überhaupt und dessen Ursprung und der Frage, was denn nun zuerst, das Huhn, das Ei und welche Rolle der Hahn dabei – und das war, glaube ich, zu viel für Madeleine.

Sie brach zusammen.

Herr Ritschl konnte erste Hilfe. Er machte Mund-zu-Mund-Beatmung.

Madeleine schlug ihre Augen auf, und alle waren sehr erleichtert.

Herr Ritschl sagte: Kommen Sie, Frau Schabrowski! Wir trinken einen Kaffee, dann sieht die Welt schon anders aus! Und obwohl Madeleine Schabrowski Kaffee für ein Urgift hielt, ging sie mit.

Als sie am selben Abend, wieder alleine, in sich ging, spürte sie zum ersten Mal seit langer Zeit etwas wie Freude, und obwohl sie dem Gefühl noch gar nicht traute, wagte sie es schon zu fragen: Freude, wo kommst du her? Freude, was willst du mir sagen? Freude, was willst du, dass wir unseren Kindern von dir berichten?

Lass mich

Wir haben vor unserem Haus ein kleines Stück Rasen mit Hecke, also so etwas wie einen Vorgarten, über den ich mich aber schon oft geärgert habe, weil er einfach zu klein ist.

Ich weiß, es gibt Leute, die können auch dem kleinsten Vorgarten etwas abgewinnen, wie z.B. diese Frau um die fünfzig, die ich hin und wieder auf einer Bank an einem dreieckigen Tischchen eine rauchen sehe – mir fehlt dieses Talent! Ich dachte, gut! Dann machst du halt das Beste daraus. Meine Familie fand die ganze Sache zweifelhaft, aber ich habe in wenigen Wochen einen hübschen Miniaturpark für Wencke Myrrhe und Karel Gott angelegt, mit gelben Astern und violetten Liebesperlen.

Leider hieß es von Seiten der beiden Managements, die Künstler hätten keine Zeit, den Park einzuweihen, und auch nicht, dort mal auszuruhen. Nach zahlreichen weiteren Telefonaten gaben mir beide Managements schließlich die Nummer einer gewissen Frau Renate.

Sie sind also für besonders hartnäckige und idiotische Fans zuständig, sagte ich gleich, um klar zu machen, dass ich so doof auch nicht bin.

Sie sagte einfach: Ja.

Ich fragte: Warum kommen denn Wencke und Karel nicht

einfach mal kurz vorbei und sagen ›Schön‹ und gehen dann wieder. Das würde mir schon reichen. Wir könnten ein paar Fotos schießen oder alles auf Video bannen, das wäre auch für später schön.
Renate lachte richtig fies. Was glauben Sie, wie viele Bekloppte, irgendwas von Prominenten wollen? Die würden sich ja ruinieren, wenn sie das alles machen würden, seelisch und finanziell!
Ich bot an, die Fahrt- bzw. Flugkosten zu übernehmen, denn die würde ich durch den Verkauf des Videos sicher wieder reinbekommen. Ich würde auch was kochen!, schlug ich vor.
Was denn?, fragte Renate.
Ich sagte: Ravioli und Pommes frites.
Sehen Sie, rief Renate. Das mögen die beiden schon mal gar nicht! Da würden die in ihren Vorgarten kotzen.
Ich dachte an die Videos und sagte: Das würde mir nichts ausmachen. Ich habe selbst schon in fremde Vorgärten gekotzt, auf Rosen, Tulpen, was Sie wollen. Das seh ich nicht so eng!
Also hören Sie mal!, entrüstete sich Frau Renate. Glauben Sie, Wencke Myrrhe und Karel Gott hätten nichts Besseres zu tun, als Ihren blöden Vorgarten vollzukotzen?
Vorsicht!, brüllte ich. Das ist kein blöder Vorgarten! Das ist ein Schlagerpark! Ich habe mich an Karels Hit ›Einmal um die ganze Welt‹ orientiert. Es gibt putzige Inselchen wie Japan oder die Seychellen, niedliche Gebirgszüge wie den Himalaya und die Rocky Mountains, und auf dem Indischen Ozean treibt ein knallrotes Gummiboot. Es gibt auch kleine Fußballtore mit hübschen Torhütern und Sitzkissen, die aussehen wie die Biene Maja und …
Hören Sie bitte auf!, unterbrach Renate mich. Das ist ja

würdelos! Meinen Sie im Ernst, die beiden würden sich vor Ihrem Haus auf solchen dämlichen Kissen niederlassen, während Sie vielleicht mit einem Gartenschlauch die Niagarafälle imitieren?
Ach was!, rief ich. Man muss doch realistisch bleiben. Ich käme nie auf die Idee, die Niagarafälle zu imitieren! Aber ich merke schon, Sie wollen mir nicht helfen!
Nein, sagte Renate streng, und ich verstehe auch nicht, wie Leute wie Sie auf solche Sachen kommen. Sind Sie Frührentner?
Ich legte auf. Soll man sich endlos beleidigen lassen, nur weil man mehr aus seinem Leben machen möchte, als eigentlich nötig?
Ich überlegte einige Wochen, ob ich den Park nicht einfach umbenennen sollte, vielleicht in Brian-Conolly-und-Keith-Moon-Park, die sind ja beide tot und könnten gar nicht kommen, selbst wenn sie es wollten.
Nein, sagte meine Freundin Katja. Das kannst du nicht machen! Schlagerpark ist Schlagerpark. Die Sache muss schon stimmig sein. Andernfalls musst du den ganzen Garten umgestalten, willst du das?
Ich sagte: Nein, auf keinen Fall! Ich hab auch ohne Arbeit viel zu tun. Wir schwiegen.
Dann hatte Katja die Idee: Warum hängst du nicht einen total kitschigen Schaukasten an die Hausfront, und da tust du große Fotos von Wencke und Karel rein?
Ich sagte sofort: Superidee, Katja! Aber der Park ist schon verspielt genug. Ich werde einen schlichten, sachlichen Schaukasten nehmen.
Wie du meinst, sagte sie.
Jetzt hängt der Kasten schon über zwei Monate an der Fassade, und ich bin sehr zufrieden. Viele Passanten bleiben

vor unserem Häuschen stehen und werfen einen Blick über die Hecke. Manchmal öffne ich das Fenster und ernte Reaktionen. Seit gestern überlege ich, ob es besser wäre, sich einfach mit verschränkten Armen und Sonnenbrille hinter das Fenster zu stellen, einfach um zu zeigen, dass ich selbst den ernsten Hintergrund für meine heiteren Kreationen bilde.
Aber Katja sagte: Quatsch! Das wissen die auch so!

Mein Schatz

Ich hatte das Bild ›Schludrige Fabelwesen in silbernen Booten bei Nacht‹ gemalt und war sehr unzufrieden. Der Himmel war bedrohlich dunkel, blauviolett mit Tiefenwirkung und verwischtem Horizont, das ging ja noch. Die See war auch nicht übel: Smaragdgrün, eigentlich zu farbig, mit weißen Wellen und gefährlich schwarzen Bootsschatten, die wie böse Wale wirkten.

Die Boote im Vordergrund hießen von links nach rechts: Klara, Klaas und Kleopatra, das im Mittelgrund Konny und das ganz hinten Kurt, also alles Namen mit K wie Kentergefahr.

Kleopatra hatte einen würfelförmigen Aufbau und Konny einen dicken, gewellten, mastartigen mit rechtwinkligem Ende, welches nach links äußerst spitz zulief. Das Silber kam sehr gut! Es verlieh den Booten eine abweisende Kälte. Sie sagten: Schaut her! Wir sind kühler als das Meer!

Aber die Fabelwesen waren eine Katastrophe!

Ihre Formen erinnerten an Schwämme, Bäume, Korallen, Hoden, Wolken und rosa Knollen. Auf Klara fuhr so etwas wie ein kleines, weißes Gespenst. Es sah so lächerlich aus, dass ich ihm noch ein lachendes Gesicht verpasste, wenn schon, denn schon! Wieder mal gescheitert! Ich hatte mir zwar nicht klar gemacht, was ich eigentlich mit diesem Bild ausdrücken wollte, doch mir war klar, dass ich es nicht geschafft hatte. Es hätte in der Schwebe bleiben müssen zwischen Finsternis und Spaß am Machen, Lustigkeit und vager Schwere, kranker Farbigkeit und fieser blöder Fantasie mit einem Schuss Verzweiflung im Angesicht bewusster Zeitvergeudung, vertaner Freizeit und fader Mühelosigkeit.

Es wirkte aber nur wie dummes Zeug, liebloser Trash auf Leinwand, nur eben nicht trashig genug, fast wie ein Schulaufsatz mit der unsichtbaren Überschrift: ›Meine neue Freundin heißt Flaute‹. Trotzdem hatte ich Hemmungen, es zu übermalen.

Vielleicht braucht es bloß einen gelben Rahmen, dachte ich, einen superdicken gelben Rahmen. Denn wenn ein Bild nicht funktioniert, muss man irgendwie von ihm ablenken, damit mögliche Betrachter erst mal sagen: Wow! Geiler Rahmen!

Dann denken sie vielleicht: Aber das Bild ist echt das Letzte! Das wäre dann ein witziger Zusammenklang, ach was! Ich verwarf diesen Gedanken auf der Stelle. Es ist nie angenehm, getane Arbeit auf den Müll zu schmeißen, aber es musste sein! Ich spannte die Leinwand ab und stopfte sie in den Mülleimer. Da rief der Mülleimer seltsam majestätisch: HALT! Von diesem Bild geht eine seltsame Energie aus, wirf es nicht weg! Ich glaube, in hundert Jahren werden die Menschen es mögen, nicht nur das Handgemachte, sondern auch diese authentische Leere, von der es lieblos kündet! Verstehst du? Ich will damit nicht sagen, dass du deiner Zeit voraus bist, du steckst einfach mittendrin, und das kommt sehr gut rüber.

Mülleimer!, rief ich dankbar. Du bist ja ein richtiger Sinn-

stifter! Ich zog die Leinwand heraus und rollte sie vorsichtig auf eine Papprolle. Die steckte ich in eine ausrangierte Kühlbox, die klebte ich gut zu und tat sie in einen blauen Müllsack. Den band ich zu und vergrub ihn einen Meter tief im Garten. Dann zeichnete ich einen Lageplan und legte ihn zu den alten Personalausweisen und Bahncards, die ich für später aufhebe.
Ganz schön viel Aufwand für ein schlechtes Bild, meinte meine Frau am Abend. Aber sie hat zu Kunst ein gestörtes Verhältnis, weil sie alles an Edith Piaf misst. Dadurch verbaut sie sich den Zugang, das hab ich ihr schon oft gesagt, nun gut! Jeder hat seinen eigenen Kopf, vom Herzen ganz zu schweigen.

Im Garten

Endlich tolles Wetter! Der Herr der Dinge öffnete die Tür zu seinem Garten, und alles lag im Sonnenlicht. Ich werde ein wenig umhergehen, dachte er und stieg barfuß die Treppe hinunter. Die Wiese war noch nass vom Tau, wie gut das tat! Der Himmel war so blau, dass selbst die hässliche rosafarbene katholische Kirche nebenan wie ein schmutziges Zuckergussgebäude wirkte, oder war das übertrieben? Die Sonne mochte Übertreibungen und stachelte den Herrn der Dinge mit ihren Strahlen weiter an. Geh jetzt wie jemand, dem die Welt gehört, Eusebio!
Nenn mich nicht Eusebio!, schimpfte der Herr der Dinge. Ich heiße Markus!
Aber dein zweiter Name ist Eusebio, sagte die Sonne, und der gefällt mir viel besser, und er passt auch viel besser zu jemand, der so geht, als gehörte ihm die Welt.
Ich schaff es nicht!, rief Markus. Ich schaff es einfach nicht!
Du gehst zu schnell, sagte die Sonne. Wem die Welt gehört, der rennt nicht durch die Wiese wie ein Powerwalker. Mehr Würde und Gelassenheit! Du musst dein Gewicht besser zur Geltung bringen!
Ich bin nicht schwer genug!, rief Markus. Ich bin einfach nicht schwer genug!

Ach, Blödsinn!, rief die Sonne. Darauf kommt es gar nicht an. Das ist eine Frage der Einstellung. Geh langsamer.
Markus ging langsamer.
Schon besser!, rief die Sonne. Und jetzt die Beine bitte ein wenig auseinander!
Markus ging breitbeinig.
Du musst mit den Oberschenkeln spielen, die Muskeln spüren!, sagte die Sonne und schüttelte den Kopf. So nicht! So schleichen sich vielleicht Idioten an, aber stell dir doch einfach vor, du hättest superdicke Eier, die fast über den Boden schleifen, so wie bei dem Typen auf diesem tollen T-Shirt, das du kürzlich auf dem Rummel gesehen hast, auf dem Eier aus Bodenhaltung steht, stell dir solche Eier vor!
Markus gab sich Mühe.
Heh, Markus!, rief seine Nachbarin Titti, was machst du denn da? MachoTai-Chi?
Markus blieb stehen und machte ein paar Lockerungsübungen. Er tat so, als hätte er Tittis Bemerkung überhört. Na, Titti? So früh schon auf den Beinen?
Ja, sagte die Nachbarin. An so einem herrlichen Tag ist man doch zu allem fähig, oder?
Der Herr der Dinge rief laut ja und lachte so donnernd und ungestüm, dass ganz viele kleine Äpfelchen von den Apfelbäumen regneten.
Du hast ja ein Organ!, rief Titti. Warst du mal Sänger?
Nein, sagte der Herr der Dinge, obwohl er viele Jahre als Pavarotti-Double gearbeitet hatte, nachdem der echte schwermütig und arbeitsscheu geworden war. Aber er wollte nicht zu viel von seiner Vergangenheit preisgeben, schon gar nicht gegenüber Titti, dieser neugierigen Kinderbuchautorin. Er wollte nicht als drollige Figur verwurstet werden. Dabei war Titti als Nachbarin ein Schatz: Sie kam

oft auf ein Gläschen Portwein rüber, auch er war oft bei ihr, doch bei diesen Gelegenheiten sprachen sie immer nur über die Zukunft, das hatte sich so ergeben.
Schade um die schönen Äpfelchen!, bedauerte Titti.
Der Herr der Dinge blickte hoch. Da hängen noch so viele dran! Du weißt ja, die Natur ist wahnsinnig verschwenderisch!
Weil sie weise ist!, rief Titti. Weil sie mit so Leuten wie dir rechnet. Sie lachten.
Heh!, rief die Sonne. Was ist denn mit deinen Übungen? Oder willst du weiter so erbärmlich durch die Gegend schlurfen?
Ich hab's mir anders überlegt, sagte der Herr der Dinge. Ich werde in Zukunft wieder hüpfen, so wie früher!
Bitte, sagte die Sonne. Wenn du dich lächerlich machen willst.
Warum sollte ich?, fragte Markus. Schau dich nur einmal um, wie viele Erwachsene seit Jahren Tretroller fahren. Werden die etwa ausgelacht?
Sie fahren Kickboard, rief die Sonne. Das ist ein Unterschied!
Mit wem sprichst du denn da?, fragte Titti.
Mit der Sonne, sagte Markus. Sie ist für mich wie eine große Schwester.
Sei bitte vorsichtig, bat Titti. Wenn man einmal anfängt, sich mit Himmelskörpern zu unterhalten, wird man leicht größenwahnsinnig. Ich hatte einen Onkel, der sprach mit Landschaften. Und für Menschen hatte er immer weniger Verständnis. Ach, Menschen!, rief er oft. Die sind wie Wände. Man wechselt ein, zwei Sätze, schon knallt man dagegen! Die Landschaft bietet viel mehr Raum, sie öffnet sich ja gerne.

Die Sonne rief: Markus! Es reicht! Geh sofort rein oder frag Titti, ob sie mit dir gehen will.
Titti, fragte der Herr der Dinge, willst du mit mir gehen?
Jetzt nicht, sagte Titti. Ich habe einen Freund. Aber er möchte keine Kinder. Möchtest du Kinder?
Jede Menge, sagte Markus.
Gut, meinte Titti. Dann geh ich jetzt rein. Ich ruf dich heute noch an!

Mit Gefühl durch den Winter

Wir waren alle völlig perplex, als Sabrina erklärte, dass sie an gesellschaftlichen Diskussionen überhaupt nicht mehr teilnehmen wolle, weil ihr die Gesellschaft zu doof sei.
Wir hätten natürlich sofort sagen können: Hey, Sabrina, du bist doch selbst doof, und wenn du an gesellschaftlichen Diskussionen nicht mehr teilnimmst, wirst du garantiert noch dööfer. Aber wir waren so perplex, dass uns der Gedanke gar nicht kam. Hätten wir das Wort ›perplex‹ nicht gekannt, wären wir mit der ganzen Situation vielleicht ganz anders umgegangen. Aber für die meisten von uns war es eine sehr gute Gelegenheit, mal so richtig perplex zu sein, und deshalb nutzten sie sie aus.
Ich war schon oft perplex gewesen, mich langweilte das schon. Also fing ich mich als erster und bat Sabrina, sich die Sache noch einmal gründlich zu überlegen. Ich sagte: Bitte, Sabrina, zieh dich von den gesellschaftlichen Diskussionen nicht zurück! Du schadest nur dir selbst!
Und wenn schon!, schrie Sabrina. Ich bin digital verstümmelt. Was kann mir denn noch passieren?
Lass sie!, rief mir Felix zu. Die ist doch fertig mit der Welt!
Die Lehrerin mischte sich ein: Ich finde, wir sollten Sabrina hinaustragen und sie auf dem Schulhof aussetzen!

Aber es regnet!, riefen wir fast alle.

Umso besser, meinte die Lehrerin. Dann wird Sabrina um so schneller erkennen, dass ihr Verhalten auf das Wetter keinerlei Auswirkungen hat.

Ich verstand die Lehrerin nicht. Auch viele andere grinsten ratlos in den Raum hinein, doch schließlich standen alle auf, und wir trugen Sabrina hinaus in den Regen.

Sabrina, sagte Jennifer, Sabrinas beste Freundin, zieh wenigstens die Unterhose aus und gib sie mir, dann hast du nachher etwas Trockenes zum Anziehen.

Sabrina zog ihren Stringtanga aus und gab ihn Jennifer.

Wir gingen rein und sahen durch die großen Fenster auf den Hof. Wir sahen, dass der Hausmeister angelaufen kam und mit Sabrina sprach. Es schien ein nettes Gespräch zu sein, denn die beiden lächelten ununterbrochen.

Mist!, zischte die Lehrerin. Damit hab ich nicht gerechnet!

Womit denn?, fragte Jens.

Der Hausmeister wird Sabrina heiraten, erklärte die Lehrerin. Seine Frau hat ihn vor einem halben Jahr verlassen, und seitdem sucht er fieberhaft eine neue. Und weil Sabrina meint, dass unsere Gesellschaft am Ende sei, wird sie auf sein Gesülze hereinfallen und denken: Mit dem mach ich mir ein paar schöne Jahre!

Aber Frau Lehrerin!, rief Renate. Sabrina ist schon 43! Die weiß doch wie die Männer sind!

Ja, schon, sagte die Lehrerin. Aber wenn man ohne Unterhose im Novemberregen rumsitzt, ist man anfällig für Illusionen! Sie lächelte resignierend. Da will man ihr eine Lektion erteilen und setzt sie auf den Zug ins Glück!

Wir wunderten uns nicht, denn das war typisch für Frau Schorn – sie schwankte oft! Erst Illusionen, dann Zug ins Glück.

Frau Lehrerin!, stichelte Lars. Sie glauben also doch noch an die große Liebe!
Zack! Da hatte Lars sich eine gefangen. Er heulte sofort los, und alle sahen ihn vorwurfsvoll an. Er war zu weit gegangen!

Mein Traum

Jedem halbwegs intelligenten Menschen dürfte das Gewese um Adolf Hitler und all die anderen Nazis längst zum Hals heraushängen, aber leider kann man Augen und Ohren vor bestimmten Zeiterscheinungen nicht einfach verschließen, immer bleibt was hängen. Und so erkläre ich mir auch den peinlichen Traum der letzten Nacht.
Ich war vielleicht acht oder neun Jahre alt und spielte Fußball. An der Seitenline stand mein Vater Adolf Hitler, es war furchtbar. Sobald ein Gegenspieler auf mich zukam, brüllte er: Brich der dreckigen Judensau die Beine! Bei jedem Kopfball: Brich ihm das Nasenbein! Und noch viel schlimmere Sachen.
Ich spielte Verteidiger und wurde durch die brutalen Zurufe völlig verunsichert. Ich schoss ein Eigentor, wurde ein ums andere Mal umdribbelt, aber ausgewechselt wurde ich natürlich nicht. Welcher Trainer wagt es schon, den Sohn von Adolf Hitler auszuwechseln? Wir verloren 5:6 und waren sehr betrübt.
Unser Trainer sagte: Lasst den Kopf nicht hängen, Jungs. Die anderen waren heute einfach besser.
Mein Vater tobte immer noch. Er beschimpfte auch den Schiedsrichter aufs Übelste, doch niemand schien ihn ernst zu nehmen.

Ach, Adolf, sagte unsere Betreuerin, reg dich nicht so auf. Das ist gar nicht gut fürs Herz!
Das deutsche Herz!, brüllte mein Vater. Das deutsche Herz hält alles aus, das schlägt in tausend Jahren noch, es wird nie untergehen!
Na, klar, sagte die Betreuerin, du hast ja Recht. Sie schob ihn sanft in Richtung Kabine und gab ihm einen Becher Hagebuttentee. Du hast doch sicher Durst!
Mein Vater nahm den Tee und sagte: Danke, Eva. Er setzte sich neben mich auf die Holzbank und blickte in den Becher. Er schwieg die ganze Heimfahrt über, und zu Hause ging er schnurstracks ins Bad, und als er rauskam, war der legendäre Schnauzbart ab.
Adolf!, rief meine Mutter. Was hast du gemacht? Wovon sollen wir jetzt leben?
Ich kann nicht mehr, hörte ich meinen Vater sagen. Ich kann nicht mehr, es ist vorbei. Ich werde eine Umschulung machen.
Eine Umschulung?, rief meine Mutter höhnisch lachend. In deinem Alter? Da macht das Arbeitsamt nicht mit, wie stellst du dir das vor?
Mein Vater sah sie traurig an, und dann wurde aus seiner Nase eine Hakennase, aus den Armen wurden Flügel, ihm wuchsen überall Federn. Er verwandelte sich vollständig in einen prächtigen Adler und flog durch das geschlossene Fenster aufs Dach.
Adolf!, rief meine Mutter. Mach keinen Quatsch! Komm bitte sofort herunter und fahr den Wagen in die Waschanlage. Er starrt vor Dreck!
Mein Vater schüttelte den Kopf. Ich fliege weg! Ich suche mir ein neues Volk!
Meine Mutter zeigte ihm den Vogel. Du hast sie wohl nicht

alle! Komm sofort runter, sonst knall ich dich ab. Sie lief ins Haus und holte die Familienbüchse. Gerade wollte mein Vater sich in die Lüfte schwingen, da traf ihn der Schuss. Tödlich getroffen rutschte er über den Dachrand, hielt sich mit dem mächtigen Schnabel noch einige Sekunden an der Regenrinne fest und stürzte lautlos in die Tiefe.
Mir schossen die Tränen in die Augen. Alles verschwamm und wurde sehr, sehr farbig. Ich saß vorm Fernseher und hörte Mutter rufen: Kinder, kommt essen! Meine Schwester und ich stürmten an den Tisch. Was gibt's denn heute, Mutti?, fragte ich.
Sie sagte: Coq au vin.
Und wo ist Papi?, fragte meine Schwester.
Papi ist in Frankreich gefallen, sagte meine Mutter, das wisst ihr kleinen Arschlöcher doch ganz genau. Ich bin alleinerziehend, und das ist heute ganz normal. Noch einen Löffel Reis?
Ich wachte auf und starrte an die Decke. Hatte meine Mutter wirklich ›ihr kleinen Arschlöcher‹ gesagt? Ich warf mich auf die andere Seite und sah meine liebe Frau. Ich schmiegte mich ganz fest an ihren warmen Körper und dachte: Gut, dass ich geschlechtsreif bin. Und das denke ich auch heute noch.